喧哗的大多数

Alan Jacobs

[美]艾伦·雅各布斯　著
刘彩梅　译

中信出版集团 | 北京

图书在版编目（CIP）数据

喧哗的大多数 /（美）艾伦・雅各布斯著；刘彩梅译．-- 北京：中信出版社，2020.5 (2020.11重印)

书名原文：How to Think：A Survival Guide for a World at Odds

ISBN 978-7-5217-1438-8

Ⅰ．①喧… Ⅱ．①艾… ②刘… Ⅲ．①互联网络－影响－社会生活－研究 Ⅳ．① TP393.4 ② C913

中国版本图书馆 CIP 数据核字 (2020) 第 022403 号

喧哗的大多数

著　　者：[美] 艾伦・雅各布斯
译　　者：刘彩梅
出版发行：中信出版集团股份有限公司
　　　　　（北京市朝阳区惠新东街甲 4 号富盛大厦 2 座　邮编　100029）
承 印 者：北京通州皇家印刷厂

开　　本：787mm × 1092mm　1/32　　印　　张：5　　字　　数：100 千字
版　　次：2020 年 5 月第 1 版　　印　　次：2020 年11月第 2 次印刷
京权图字：01-2019-3751
书　　号：ISBN 978-7-5217-1438-8
定　　价：49.80 元

目录 — Contents

引　言

为什么在思考这件事上，我们要比自己想象的更糟糕

当我们发现别人做出莫名其妙的举动，或者无法推断他们为何要如此行事时，总会忍不住问："你在想什么呢？"有些时候，即使我们心态平和，也依然会因为朋友、家人或邻居不同寻常的想法而困惑不已。甚至在人生中少有的平静时光里，我们也会偶尔问自己：为什么我们会这么想？为什么我们会以这样的方式进行思考？

这些问题对我来说，既有趣，又意义重大：无论是作为个体还是社会群体的一分子，我们都难免会产生各种各样的疑问，关于健康和疾病，关于正义和不公，关于性别和宗教。如果我们对"什么是良好的思考"有更深刻的理解，不正是一件会令大家都受益的事吗？因此，在过去的几年里，我读了很多本关于思考的书。虽然书中的观点不尽相同，甚至有时候对于思考本身的看法也大相径庭，但至少有一点是相同的：这些书读起来都相当压抑，让人沮丧不已。

这是因为，虽然书中的观点不尽相同，它们却都以详尽得惊人的文字和散漫冗长的陈述阐释了思考是如何误入歧途的——我们的思维方式千差万别，但最终都难免会出现认知偏差。这些认知偏差还都有正式名称！锚定效应、层叠效应、确认偏误、达克效应、禀赋效应、框架效应、群体归因错误、光环效应、内群体和外群体偏见、近因偏差……这只是其中的一小部分，已足以令人感叹：好一份冗长的清单！人类是多么愚笨、傲慢而无知啊！认知偏差如此众多，影响如此广泛，以至对个体和社会都造成了毁灭性的后果。更为糟糕的是，有些我们自认为完美无瑕的想法，却恰恰被证明与理智和公正相去甚远。[1]

因此，当我在翻阅这些书的时候，我认为对我（以及对我们所有人）来说很重要的一点，是要在好和不好的思维方式之间做出严格的区分，以避免犯错，走上正确思考的康庄大道。然而，鉴于思考的认知偏差简直像天上的星星那样数不胜数，一番审视之下，我越发觉得晕头转向。我不断地问

---

1 本书引用了一些介绍认知偏差的书，其中最重要的一本是丹尼尔·卡尼曼的《思考，快与慢》。还有乔纳森·海特所著的两本书：《幸福假说——从古代智慧中寻找现代真理》和《正义的思想——为什么善良的人会因政治和宗教而分道扬镳》。此外，丹·艾瑞里所著的《可以预见的非理性——决定我们如何决策的隐藏力量》对我也有很大帮助。（本书脚注如无特殊说明，均为作者注。）

自己：这些人到底在讲些什么？思考的本质到底是什么？

在行动中思考：一个生活实例

请想象这样一个场景：你和你的伴侣准备买车。你并非一个彻头彻尾的冲动型消费者，不会单凭一辆车的颜值而决定是否要购买它（除非此车异常丑陋，令你以驾驶它为耻）。你知道，要判断一辆车的好坏，有许多因素需要考量——油耗、稳定性、舒适性、存储空间、座椅、音响系统。还需要考虑额外的功能吗，比如 GPS（全球定位系统）？你可能会问自己。不过买一辆装有 GPS 的车，又会花掉多少钱呢？

列出一份清单或许会有帮助，但它并不能明确地告诉你，哪一项需要优先考虑或不予考虑。你或许会说，总体来看，车的舒适性比油耗更重要吧。不过，如果这辆车是个"油老虎"呢？恐怕会相当烦人吧。好吧，要不去看看二手车吧。这辆蓝色的丰田看起来不错，官网上评价也相当好。你打量一番之后坐了进去，好让自己的腰椎切实感受一下。一切都很好吗？你试驾了一下，好像有些颠簸，不过这可能只是因为你的注意力太集中，以至于有些过度敏感了，就像那位"豌豆公主"一样。你提醒自己要考虑到这一点。

你反反复复试了三四辆车，终于下定决心做出了选择，并为此感到欣慰。结果，当你把车开回家后，你的伴侣却说，最好的选择，显然是你一开始就放弃的那辆难看的车。于是，你开始认真反思，心想或许就不应该自己拿主意。

这就是思考的本质：结论本身并不重要，重要的是如何得出结论，重要的是思考和评价的过程。思考是在测试你自身的反应能力，是在权衡可用的事实与信息。思考需要你竭尽所能，利用一切可用和能用的感官，探究事物的本质到底是什么。思考有时也是一种猜测，你会尽量地谨慎和负责，试图弄明白某一事物可能是什么。思考中你还需要知道应该在什么时候向谁求助。预测未来必然会带来不确定性——你不仅不知道将来会发生什么，也不知道它将引发怎样的感受，你不知道自己最后是会渐渐习惯那个不舒适的座椅，还是会因此难受得想要冲下悬崖。这些不确定性意味着思考从来都是一门艺术而非科学。（诚然，科学有助于思考，科学是我们的良师益友。）

我父亲有种天赋，每一次都会买错车子。原因很简单：他从来不想那么多。他总是凭直觉和冲动做事，而他的直觉和冲动又总是那么不可靠，跟你和我的一样。但父亲就是喜欢冲动行事，而且我相信，他宁愿驾驶一辆烂车，也不愿意为了买一辆好车花费时间精力进行调查研究。（的确，在这一点上，他也吃到了苦头。）然而我总是生他的气，因为在我看来，买一辆合宜的交通工具并非一件难事。当然，有时你即使拼尽全力，也不一定会得到自己想要的结果，但如果真的付出了努力，还是可以大大减少这种事发生的可能性。问题的关键在于观察事情的发生概率并拒绝冲动行事——这一点与打扑克牌类似。

然而，在所有需要付出脑力的事情之中，买车不过是一件简单又直接的事。决定买什么车，的确会涉及整个思考过程中的所有关键要素，但是，与纷扰人世间那些真正让我们迷惑和纠结的事情，例如政治、社会、宗教问题相比，买车的复杂程度算是相当低的了。如果我们需要思考的事情都像买车这样简单，可能我只需要写篇博客、发几条推特就够了。而事实上，我却不得不写下这本书，才能把思考这件事讲清楚。

快速思考的技能

几年前，心理学大师丹尼尔·卡尼曼将他对认知偏差毕生的研究成果融入了著作《思考，快与慢》中。他在书的末尾提出了一个非常重要的问题：我们该如何应对偏差和误区？我们怎样才能提高判断和决策的准确性，无论是我们自己的，还是那些我们为之服务或服务于我们的机构的？

对于这一问题，他的回答是："简单来讲，如果不付出相当的努力，就不可能达到目标。"这听起来很公平。不管怎样，我们都会很乐意多付出些精力，去排除那些可能导致认知错误的偏差，不是吗？不过，丹尼尔·卡尼曼接下来的话，可能就没那么乐观了。他认为，在我们的思维装置中，有相当一部分，也就是产生直觉的那一部分，"并不是那么容易改变的。年龄的增长可能会起到一些作用，但除此之外，我们能做的不多。现如今我的直觉思维还总是让我陷入过度的自信、极端的推测和预估的偏差中，就像我在研究这些问题之前所表现的那样"。这显然不是什么鼓舞人心的话。

我对这个问题的看法，比伟大的丹尼尔·卡尼曼要乐观一些，可能我有些自以为是了，不过，我确实相信，我们还是有办法去理解和改善自己在思考中存在的问题的，虽然这些方法尚处于探索之中。近些年，我们可能过于关注思考的科学性，忽视了思考的艺术性。有些人文传统，尽管很古老，却可以帮助我们对"思考"本身进行思考，从而让我们更善于思考。

当然，对丹尼尔·卡尼曼这样的人，不认真对待他们的研究成果和所想所得，是不明智的。在我上文提到的那本著作中，丹尼尔·卡尼曼认为直觉思维是一种"快"的思考方式。

正是由于有直觉思维存在，我们才能够进行快速判断，在既定情境中瞬时解读相关信息，并基于此做出赞同或反对某些想法的决定。卡尼曼将此称为大脑思考的第一系统，而将自觉的思考称为第二系统，后者是对第一系统的补充和修正。日常生活中，我们运行的基本上都是第一系统，只有当我们发现问题、异常和反常现象需要处理时，才会启动第二系统。另一位对思考和思维颇有研究的心理学家乔纳森·海特，则用另一种方式对这两类思维系统进行了区分。他把直觉思维比作大象，把自觉的思考比作骑象人。他认为直觉思维如同大象，非常强大，有时甚至不听我们指挥，但还是有可以驾驭的空间——只要骑象人技巧娴熟，对大象的喜好也了如指掌；这幅画面看起来充满希望。事实上，谈到改善和提升思考能力的可能性，海特的确要比卡尼曼乐观一些。

在这本书中，我会更多地谈论“骑象人”而非“大象”，即思维的第二系统而非第一系统。毫无疑问，卡尼曼、海特，以及其他一些重要学者，他们的思想和成果都使我获益匪浅，但我还是要说，他们对思考的解构，并不总是最有效和最有建设性的。我尤其想要声明的是，如果我们认为思考的主要任务是“克服认知偏差”，那就误入歧途了。在我看来，我们需要解决的最根本的问题，是如何获得思考的意志——我们总在坚定地逃避思考，并为此付出了沉重的代价。没有几个人想要真正思考，思考让我们负累，思考使我们厌倦，思考会迫使我们远离熟悉舒适的习惯，思考会让我们的生活变得更复杂。在与钦佩、喜爱或想要追随的人交往时，思考会使我们与对方产生分歧，或者至少使彼此的关系扑朔迷离。因此，谁还会想要思考呢？

何况，就像卡尼曼在他著作的书名中指出的那样，自觉的思考，是“慢”的思考。常用项目管理软件 Basecamp 的开发者贾森·弗里德曾提到他在一个会议中听报告的经历，他说自己不喜欢这个报告，不赞同发言者的观点，因此越听情绪越激愤。报告终于结束了，他冲向发言者，开始表达自己的想法。发言者听完后，只说了一句话："请给它 5 分钟的时间。"[1]

听到发言者的话，弗里德吃了一惊，接着意识到了自己所犯的错误。报告开始没多久，弗里德就已经停止了倾听：他听到了一些自己不同意的观点，立即进入了反驳模式，而在反驳模式中，倾听已不复存在。当倾听停止时，思考也就停止了。进入反驳模式意味着你已经完成了所有你需要做的

---

1 在《正义的思想》中，海特也讲述了他在哈佛大学所做的一个实验。参与者要对某一个特定议题进行道德评判，但其中有些人要在 2 分钟之后才能表述自己的观点。事实表明，同那些被允许立即做出评判的人相比，延迟回答的人能更好地认识到错误的论点。由此看来，在思考时，每一分钟都是有价值的。

思考，无须更多信息反馈。

弗里德对这位发言人的话印象深刻，后来就将“给它5分钟”作为自己的座右铭。我们也应该这样做。不过在此之前，或许应当反思一下我们的信息加工习惯，也就是我们获取、传递和回应信息的方式（主要是在网络上）是不是让我们很难花时间去思考？我所了解的社交媒体，都不会在信息回复方面设置强制性的等待时间。尽管谷歌邮箱设置了邮件发送前的“确认时限”，你可以在此期间改变主意“取消发送”，却不过仅有30秒而已（如果是24个钟头，或许效果会更好些）。[1]

你觉得我是在危言耸听吗？或者只是在责怪社交媒体？也许是吧。不过，当我读到弗里德的故事时，我突然意识到，我也会经常不知不觉地进入反驳模式——而且往往是对一个话题越感兴趣，就越有可能屈服于这种诱惑。我相当明了这

1 特里斯坦·哈里斯是谷歌的前雇员，他曾经试图劝说谷歌的软件工程师，让后者不要利用用户的心理特点，使之不假思索地行事。2016年11月，比安卡·柏思卡在《大西洋月刊》上发表文章《打破狂欢》，其中引用了哈里斯的话：“你可以说远离手机是我的责任，但这并不表示手机屏幕另一边的工程师就可以随意破坏我的其他责任。”哈里斯希望软件工程师秉承他们的“希波克拉底誓言”，不要过分操控用户的想法。“不利用用户的思维习惯，一样可以做出好的设计。”至于工程师是否会这样做……除了等待，我们也无能为力。

种感受，当我因为网上的一些言论而出离愤怒时，我双手颤抖，忍不住马上敲打键盘，进行反驳和回击，其中有很多推文都是我希望能被撤回的，事实上，我也的确删掉了很多推文，但它们已经伤害到了别人，或者损害了我冷静理智的名声。我对自己说，如果我早先意识到了这一点，我就不会把它们发出去了。可惜我还是免不了跟着感觉走，随着社交媒体的流量速度勇往直前。

或许你坚信自己不会像我一样，不过在全然摒除这种可能性之前，为什么不“给它 5 分钟”呢？

舆论和情感

总有这样的时候，你可以称之为巧合，或者命中注定，你读到的内容刚好满足所需。几个月前，当我认真评估自己在网上，特别是在社交媒体上所花费的时间时，就恰好读到了两位睿智的作家——玛丽莲·罗宾逊和 T. S. 艾略特的文章。我也由此开始构思这本书。

罗宾逊在 1994 年的文章《清教徒与正经人》中，就很多人对清教徒（这个词现在说出来可能更多是一种侮辱[1]）

1 Puritans（清教徒）一词也有“假正经”的意思。——编者注的轻蔑态度提出了质疑，并对清教徒所持有的想法以及他们为什么会持有这些想法给予了更为充分和准确的阐述。在写作文章中，她发现："我们谈论和评价清教徒的方式，恰恰展现了我们眼中清教徒的重要特征。"也就是说，人们在谈论清教徒时所持有的态度，正吻合了我们贴给清教徒的标签——僵化死板，思想狭隘，愤世嫉俗。[1]

为什么会这样呢？人们为什么会以如此"清教徒"的方式来对待清教徒？"原因很简单，"罗宾逊写道，"我们总是有一种集体性狂热，想要贬损一件我们并不完全了解的事物，只因为我们知道这是被社会所认可的。这种认知让我们乐在其中，对清教徒的评价就是一个典型的例子。"也就是说，我们之所以指责清教徒，是因为我们知道我们交谈的对象对清教徒群体持有与我们相同的观点，而且很乐意听我们提起这个话题。至于我们所说的话与清教徒实际的行为和信仰是否真的有关，这并不重要。用什么词都没关系，也不具备任何效力，它倒更像是一句加入某个组织或俱乐部的暗语。

罗宾逊进一步评论，这种现象"展示了舆论是如何有效

1 Marilynne Robinson, "Puritans and Prigs," in *The Death of Adam*: *Essays on Modern Thought* (Houghton Mifflin Harcourt, 1999), pp. 150–73.

阻止人们对某一话题提出质疑的”，这真是一语中的。当某种言论对我加入一个群体的效用越明显时，我就越不愿意去评估自己表述的合理性。那些喜欢指责他人是清教徒的人，对清教徒实际上的样子知之甚少，他们不过是不愿意动脑筋去思考罢了。

罗宾逊的分析相当精准，更可贵的是，这篇文章发表在互联网攻陷各种文化形态之前。既然思考会剥夺人们“持有大众认同的观点时所感受到的愉悦”，我们为什么还要去思考呢？何况在如今的网络大环境下，到处都是点赞、爱豆、粉丝和朋友圈，想要了解社会对某种观点的认同感，是再迅速、再容易不过的事了。罗宾逊在文章结尾处写下了发人深省的句子，她认为在这种环境下，“接受未经权威证实的观点，会使人们深受一知半解之害”。这不是因为我们生活在一个有意或蓄意杜绝异端的社会里（虽然在某种程度上的确如此），“而是源于人们强烈寻求认同的本能”。如果你想要思考，那么你将不得不尽量消减这种“寻求认同的本能”。不过考虑到这种本能的强大威力，我亲爱的读者，你大概是不会愿意给自己找这种麻烦的。

这种寻求认同的本能在我们这个时代被放大和强化，因为我们每天都被淹没在疯狂的信息洪流中，尽管这些信息往往是无稽之谈。再次重申，这并非什么新鲜事。艾略特在差不多一个世纪之前就描述了这样一种现象，当时他以为这是 19 世纪所特有的："当有那么多事情需要了解的时候，当同样的词在这么多知识领域中被赋予了不同含义的时候，当每个人都对很多事情一知半解的时候，谁都很难判断他是否知道自己在说些什么。"在这种情况下，请让我把重点放在艾略特的结论上——"当我们不知道，或者当我们知道得还不够多的时候，我们总是倾向于以情感来代替思考"。[1]

对于我们身处的时代，艾略特做出了比我们这些当代人更为敏锐的论断，而且令人不安的是，他的言论与罗宾逊的分析相当一致。人们不愿意了解和思考某些事情，因为他们不愿丧失"持有大众认同的观点时所感受到的愉悦"。当他们寻求认同的本能得到满足时，会欣喜若狂；受到打压时，则会感到异常愤怒。社会联结通过情感共享得以加强，而情感共享又激发了社会联结，这是一个将反思排斥在外的思考闭环。罗宾逊和艾略特的言论对如今网络生活持久强力的影响做了详尽的解释，但我越来越觉得，它们对"线下生活"

1 T. S. Eliot, "The Perfect Critic," in *The Sacred Wood: Essays on Poetry and Criticism* (1920), pp. 9-10. 需要注意的是，对艾略特来说，带入情感不是问题，以情感代替思考才是问题。稍后我们将探讨情感在思考当中的重要作用。

也同样适用。

任何声称自己不受这种力量影响的人都是在自欺欺人。人类天生就是无法对所处社会圈子的异动和节奏绝缘的物种。对我们大多数人来说，问题只在于我们是不是曾有过那么一丝不愿随波逐流的意志力。任何一位真正想要思考的人，都必须培养一些策略，让自己能够辨别任何可能存在的社会压力，让自己能够坦然面对社会圈子的拉拢和厌弃。想要思考，就必须练习忍耐，压制恐惧。

从属于多个群体

我相信自己可以帮助那些想要更善于思考的人，但是，在我做进一步阐述之前，我需要先声明一点，我的这种信心并非源于我的学者身份，绝对不是这样的。作为一个群体，我的学者同行们也同样不愿意进行真正的反思，在这一点上，他们跟大街上任何一个没怎么受过教育的人如出一辙。学者们一直受困于学术界对“高度一致性”的严格要求：证明你具备高学术水准的方式之一，就是取得优异的学业成绩，而如果你给不出教授们想要听到的答案，就很难拿到好分数。[1]

因此，我再次声明，事实并不像你想的那样。学术生涯对人的思考能力并无太多助益，至少对我所推崇的思考能力帮助不大。学术活动可以帮助人们积累知识，学习和运用某些备受推崇的修辞策略，而掌握这些策略需要良好的记忆力、机敏灵活的头脑等等。但正如丹尼尔·卡尼曼所说，学术生活并不怎么需要你质疑自己的冲动反应——这是事实，即使你的学术活动就是研究冲动反应。

不过，作为一名教师，情况则完全不同。我做大学教师已有三十余年光景，总体来说，大学算得上是锻炼思考能力的绝佳实验室。我大部分的学生都清楚自己的信仰，并想要捍卫它，但他们也认识到自己还有很多东西要学。（人们普遍认为大学生有一种不服教导的傲慢，总觉得自己无所不知无所不晓，但以我的经验来看，事实并非如此。我认识这类学生，但是不多，与我刚刚开始任职时相比，这类学生至今也没有增加很多。）作为教师，很有成就感的事情并不是让学生认识到自己的想法是错误的，而是让他们意识到他们还

---

1 杰夫·施密特在《循规蹈矩的思想》一书中写到，学者们和其他高水平专业人士一样，擅长在他们自己的圈子中保持高度的“思想纪律性”，而且，只有当学者们拥有“界限内的好奇心”，也就是只对那些他们被允许感兴趣的事物感兴趣时，才能在学术圈里取得成就。

没有充分表达自己所认同的观点，还没有掌握应对质疑的最好方式。[1] 我差不多批改过一万五千份学生论文，也就是说，我清楚所有正确的辩论方式，也明白所有可能会使辩论走入误区的隐患。

但是，与我长期的授课经验同样宝贵的是，我一直在对“思考”这件事进行思考，或许更为可贵的一点是，我置身于多个社会群体中，而这些群体所持有的观点通常存在相当大的差异。我是一名学者，同时也是一名基督教徒。听到其他学者谈论基督徒时，我通常认为他们的很多观点都不怎么正确，他们并不了解那些持不同见解的人。另一方面，当我听到基督教徒谈论学术界的时候，也有同样的感受。我花了

1 在这里我要提一句，我正是在教授大一新生写作课时，开始第一次对“思考”本身进行思考的。我教授这门课差不多有 20 年了，对编排良好的《诺顿读本》产生了越来越严重的依赖，其中收录的文章对有些写作者很有帮助。当然，这些年《诺顿读本》也有过很多变革：我是在它推出第三版时开始使用它的，现在当我写下这些文字时，它已经发行第十四版了（而当你读到这些文字时，它或许已有二十几版了）。在过去这些年里，我教授写作课头一年时最为倚重的几篇文章已经被渐渐遗忘——威廉·戈尔丁的《思考作为一种嗜好》，安妮·迪拉德的《观看》（摘自《听客溪的朝圣》），以及小威廉·G. 佩里的《考试制度和文科》——除了奥威尔的《政治与英语》，它还依然为人所熟知。和我的学生一起阅读这些文章，试图让他们把这些作家的见解应用到自己的作品中，并一次次目睹他们的失败，这对我来说是最佳的思维教育。能接触到这样丰富多彩的文集，我对编辑们的工作至今仍然充满感激。

几十年时间来记录这些普遍存在的误解和误区，试图弄清楚它们是如何产生的，并尽力寻找纠正它们的方法。

30 年前，文化人类学家苏珊·弗伦德·哈丁开始认真研究美国基督教的原教旨主义，并根据自己的研究成果完成了非凡的著作《杰里·福尔韦尔：原教旨主义语言学和政治学》。她发现同事们对她的兴趣深表怀疑：为什么会有人想要研究这个奇怪的、不讨人喜欢的群体？"实际上，"哈丁写道，"人们一直在问我：你是基督教徒吗？或者曾经是？"许多读者会记起，在 20 世纪 50 年代，美国众议院非美活动调查委员会曾对数百人发问："你们是共产主义者吗？还是曾经是？"哈丁的言论巧妙地呼应了这一历史事件。[1]

1991 年，哈丁就这一现象发表了一篇极具感染力的文章。她问道：人类学家不是应该对与自己不同的文化形态和行为具有天然的、本能的兴趣吗？既然如此，为什么还有这么多人类学家拒绝研究自己身边的文化差异呢？哈丁的文章名为《代言原教旨主义：文化对立者的问题》，其中"文化对立者"（repugnant cultural other）这个术语我们还会在后文中反复提及。

---

1 Susan Friend Harding, *The Book of Jerry Falwell: Fundamentalist Language and Politics* (Princeton University Press, 2000). 我在后文中提到的文章是"Representing Fundamentalism: The Problem of the Repugnant Cultural Other," *Social Research* 58, no. 2 (Summer 1991): 373–93。

正如我在前文中暗示过的那样，如果说原教旨主义者或福音派的基督教徒是世俗学者的文化对立者，那么反之亦然。这种相互猜疑是我在成年以后一直想要避免的，可是如今，我还是生活在这样一种整体上很可悲的社会氛围中，充斥着蓄意的误解和恶毒的猜忌，而这些正是我曾经在那些相互敌视的小团体中所看到的。时至今日，每个人似乎都有一个文化对立者，而且每个人都会在社交媒体上提到自己的文化对立者。我们也许能够回避自己的文化对立者所发出的声音，却无法否认他们的存在，哪怕他们的存在感已经相当微弱。

这是一种相当不健康的局面，它阻止我们承认别人是我们的邻居，即使他们就是我们的邻居。如果我假定一个人是异类，是与我观点相异的人，那么我可能永远不会发现，我最喜欢的电视节目其实也是他最喜欢的；我们喜欢同样的书，虽然喜欢的原因不尽相同；我们也都知道照顾一个长期患病的亲人是种什么感受。我是想说，我们可能很容易忘记这一点：政治、社会和宗教差异并不是人类经验的全部。“文化对立者”冷酷的分裂逻辑对所有人来说都是无穷尽的恶性消耗，使得我们更接近政治哲学家托马斯·霍布斯所说的“每个人敌对每个人”的原始状态。

我们可以做得更好，我们应该做得更好，而且基于我多年来在意见相左的社团之间周旋的经历，我相信自己能帮上忙。我知道怎样和那些在某些方面与我背道而驰的人建立共同的事业目标，我知道这样的经历能拓宽我对世界的认知，我知道这样的经历将迫使我直面自己狭隘的视野、单一的思维方式，以及有时候甚至处于停顿的思考状态。对不住了，丹尼尔·卡尼曼，但我真的相信，经过多年训练之后，我的思考能力得到了相当大的提升。我不想把我学到的东西只留给自己。

迂回策略

几年前，我犯了胸痛，医生们却找不到病因——我经常锻炼，心脏看起来还算健康，没有什么明显的问题。但我还是不断地感到疼痛，这让我担心不已。最后，有位医生刨根问底，发现我在疼痛开始之前剧烈地咳嗽过一阵，似乎是咳嗽导致我胸口的肌肉被拉伸，成为疼痛的来源；而我因此开始担心，进而产生的焦虑使肌肉更加紧张，疼痛也进一步增强，并导致了更多的焦虑。这是典型的恶性循环。当我问医生他认为最好的治疗方法是什么时，他回答："诊断即治疗。现在你既然知道自己没有得什么致命的疾病，就不会那么担心了，你的精神压力会减小，你的胸肌也不会那么紧张，这就提供了痊愈的可能。”同样，我接下来将提供一些积极的处方，因为了解那些阻止我们真正思考的因素，准确地诊断出我们的病情，就已经构成第一个疗程了。

我很愿意给你提供一套万事皆可用的思考指南，让你只需按部就班地遵循，就可以成为一个更好的思考者。可惜思考不是这样简单的事情。再说一次，虽然科学性很重要，但思考从根本上来说是一门艺术，而众所周知，艺术充满了灵活性——不过确实也有一些好的做法可以遵循，我将在后面逐一描述（事实上，在前文买车的例子中我已经对这些方法做出了提示）。幸福是一种无法直接获得，只能通过专注于其他积极事物得以实现的东西——不管这一说法最早由谁提出，都可以恰到好处地套用在思考这件事上。

回到 1975 年，音乐家布莱恩·伊诺和艺术家彼得·舒米兹创造了一件神器，一套写有特殊指示的卡牌。指示包括“把你的错误当作潜在的意愿”“询问你的身体”“以不同的速度工作”。卡牌旨在帮助那些在创作上陷入停滞状态的艺术家，尤其是音乐家。伊诺和舒米兹称这套卡牌为“迂回策略”，因为他们知道，当一个艺术家遭遇停滞状态时，直接去解决问题往往会使情况变得更糟。同样的，有时候只有当你把注意力转移到思考以外的事情上时，你才能更好地思考。因此，本书接下来的内容会时而关注趣闻逸事，时而跳转到其他貌似不相关的领域上，但最终我们总会绕回来，探讨那些糟糕的思考方式，以及那些能帮助我们更好实践“思考”这门精妙艺术的良好习惯。这并不容易，这也是问题的一部分，但我们可以做到这一点。

第 1 章：思考的开始

为什么即使你能够独立思考，那样做也未必是件好事

梅甘·菲尔普斯－罗珀是美国堪萨斯州托皮卡市韦斯特博罗浸信会的成员，该教会是她的祖父弗雷德·菲尔普斯创办的。几年前，菲尔普斯－罗珀决定启用推特来传递教会的信息。这些信息总体来说可以用一句话概括，那就是“上帝憎恶同性恋”（韦斯特博罗浸信会早在 1994 年就注册了相关的网站）。正如《纽约客》杂志的记者艾德里安·陈在报道菲尔普斯－罗珀的文章中所说，推特是传达此类信息的绝佳途径。看看这条带有菲尔普斯－罗珀典型风格的推特吧：“为艾滋病感谢上帝吧！如果上帝没有因为你的叛逆而以此等严惩作为回报，你将永远不会产生悔意，而且毫无疑问，暴风雨会来得更加猛烈！”[1]

1 2015 年 11 月 23 日的《纽约客》杂志刊登了陈的文章《取消关注》，其中生动地讲述了梅甘·菲尔普斯－罗珀的故事。我对此事的全部了解均来自这篇文章。

不过菲尔普斯－罗珀未曾预料到的是，人们也可以在推特上进行回击。她针对戴维·阿比波尔发过一条推特，后者是一家犹太人网站的创立者："哦，犹太佬们，请为你们那些生搬硬套的仪式，真切地进行忏悔吧。你们知道差别在哪里。牧师，你一直在助长罪孽，并以此掩饰那些丑陋的真相。"而阿比波尔的回应中满是茫然和幽默。他后来评论道："我想让自己表现得非常友好，这样他们恨我的时候就会感到很抱歉。"这种回应让菲尔普斯－罗珀措手不及。后来她对艾德里安·陈说："我知道他内心充满邪恶，但他表面上又是那么友好，这让我格外警惕，因为你不想被一个狡猾的骗子煽动，从而忽略了真相。"

或许我们都无法摆脱被文学评论家加里·索尔·莫森称为"事后诸葛亮"的习惯，在事件发生之后才做出预言，相信我们能够回望过去，分辨出那些可以避免此类结局的关键点。("我本该想到所有这一切的！")[1] 不过有一点我们很难否认，当菲尔普斯－罗珀将阿比波尔的态度视为"友好"时，她已经在某种程度上背离了韦斯特博罗浸信会的宗旨。她开始回应那些与阿比波尔一样对她的信念持怀疑态度的人，而其中有些人也表现得像阿比波尔一样幽默、有趣，或友好。

---

1 Gary Saul Morson, *Narrative and Freedom: The Shadows of Time* (Yale University Press, 1994), chap. 6.

菲尔普斯－罗珀也对陈说，“我开始把他们视为人类的一分子了”，而不是像以前一样，认为他们是无名无姓的文化对立者。

不过菲尔普斯－罗珀与阿比波尔的互动才是问题的关键（讽刺的是，他俩曾经见过面，阿比波尔曾经帮助菲尔普斯－罗珀组织过一次聚会），这很大程度上是因为阿比波尔对韦斯特博罗浸信会的宗旨和起源进行了探究。教会成员声称，他们认为同性恋应该被处以死刑，是因为《圣经》对此有所记述，特别是在《旧约·利未记》中，“一个男人若视另一个男人为女人，并与其苟合，则两人均犯下令人憎恶的罪行；他们必被治死；他们要付出血的代价”。但这时阿比波尔跳出来了，他问道：“耶稣不是说，当一个女人被发现犯了通奸罪之后，‘一个无罪的人’应该向她扔第一块石头吗？顺便问一句，梅甘的亲生母亲不是有一个私生子，是她在法学院求学时所生的吗？她难道不该被‘处死’吗？”

菲尔普斯－罗珀知道，自己作为韦斯特博罗浸信会的成员应该如何对此回应，她也是这样做的：她的母亲不能与同性恋相提并论——同性恋们上街游行，为自己的罪行感到骄傲，而她的母亲则为自己有了私生子一事深深忏悔。对此，阿比波尔回击道：如果你取走了同性恋的生命，他们怎么还会有机会忏悔？

菲尔普斯－罗珀不知如何作答，教会的领袖们也被问得哑口无言。菲尔普斯－罗珀已经意识到，笃信《圣经》并非意味着她就要像大多数韦斯特博罗浸信会的成员一样愤世嫉俗。（提及自己对非基督教徒的友善，她引用了《箴言》25:15："恒常忍耐可以劝动君王，柔和的舌头能折断骨头。"）不过眼下阿比波尔提出了更深刻更难回答的问题，他不是在质疑《圣经》，而是在质疑韦斯特博罗浸信会的成员是否真的想要辨明和遵从他们所声称的最高权威。

对于自己面临的精神危机，菲尔普斯－罗珀做出了有趣且有力的回应。她做了两件事。首先，她继续和其他教会成员一起参加抗议同性恋的活动，只不过不再佩戴写有"同性恋即死罪"的标识了；其次，她不再和阿比波尔来往了。

这两种反应完美地展现了那些刚刚开始思考之人的心理状态。她没有离开教堂，没有停止抗议，但她的想法已经有所转变，并在某种程度上造成了不可避免的影响，使她不再完全遵从于曾经对她来说意味着全部人生意义的教会。

这也有助于解释她所做的第二件事：终止与阿比波尔的交往。菲尔普斯－罗珀也许还没有清楚地意识到这一点，却也不得不承认，"同性恋即死罪"可能并非定论。如果教会在这一问题上的立场是错误的，那么在其他问题上呢？如果他们在很多问题上都错了，那她就不得不离开自己所知道的唯一世界，即她迄今为止全部的心灵归属。因此，她关上心门，把自己认定的最大威胁拒之门外。

可惜一切为时已晚，只要她还保持着在线交流的习惯，心门就不可能完全关闭。放逐自己的信仰，是梅甘·菲尔普斯－罗珀的终极命运。

失落在尘世中

亚当和夏娃因为吃了智慧的果实而被逐出伊甸园，这样的故事在我们的文化中屡见不鲜，而在当今这个时代，“失乐园”的故事通常是这样的：群体给予人归属感，而代价是要求成员们放弃思考，但那些勇于思考的成员，则甘愿放弃这种归属感。

这样的故事就是启蒙运动的缩影。伊曼努尔·康德曾说启蒙运动的口号是“Sapere aude！”即勇于思考，勇于运用自己的理智。在今天，洛伊丝·劳里的科幻小说《记忆传授人》也算是这一理念的经典再现，这本书几乎是所有中学教师的心头好，直截了当地讲述了主人公走出思想单一的乌托邦社区，发现丰富多彩的外部世界的心路历程。阿道司·赫胥黎在小说《美丽新世界》中对这一主题展开了更深入的解读，小说中的伯纳德·马克斯看穿了他所在的社会对其成员思想禁锢的本质，即通过心理而非肢体暴力使人变得呆滞而顺从。

还记得前文中提到的梅甘·菲尔普斯－罗珀吧？虽然她的故事还未见结局——她尚且没有，或许也永远不会与韦斯特博罗浸信会的理念最终决裂，但每当我想到她时，我都会想起厄休拉·勒古恩的短篇小说《从奥米勒斯城出走的人》。在这篇小说中，勒古恩为我们描绘了一座建立在恶行之上的乌托邦城市，一旦人们直面现实，就无法在这座完美的城市中生存。不过，勒古恩并没有告诉我们，那些离开奥米勒斯城的人，到底走进了一个怎样色彩斑斓的新世界。赫胥黎在《美丽新世界》中描绘了一个"野蛮人居留地"，与充斥着毒品的主流社会"美丽新世界"形成了鲜明的对比。勒古恩的小说中没有类似的具体描述，她只是写道：

> 他们离开奥米勒斯，他们向黑暗中走去，不再回头。他们要去的这个地方，对我们大多数人来说，比这座"欢乐之城"更难以想象。我根本无法描述这个地方，有可能它根本就不存在，但他们，那些从奥米勒斯城出走的人，似乎很清楚自己要去向哪里。[1]

1 In Le Guin's collection *The Wind's Twelve Quarters* (Harper & Row, 1975), pp. 283–84.

许多以“勇于思考”为主题的故事都想要告诉我们，虽然在更宽广自由的世界上生活非常艰难，甚至可能很痛苦，却无疑是绝对正确的选择。因为从长远来看，归属感并不是最重要的。但勒古恩的小说没有采用这些为人熟知的套路，她告诉读者：我们并不知道结局是什么。投入思考，深入探究我们信仰的本质，是有风险的，也许会导致悲剧的发生。思考和探索本身并不能保证我们得到快乐，甚至是感到满足。

为什么独立思考是不可能完成的任务

我敢打赌，很多人读过梅甘·菲尔普斯－罗珀的故事后，心里都会想：“嗯，这个故事完美地诠释了当一个人不再信从他人，学会了独立思考时会发生什么。”但有意思的是，这根本就不是事实。梅甘·菲尔普斯－罗珀并没有开始“独立思考”，她反而是开始考虑别人的想法了。完全脱离他人的“独立思考”是不存在的，即使存在也会受到排斥。思考具有不可避免的、彻底的、奇妙的社会性。你所想的一切都是对他人想法和言行的回应。当人们称赞某人可以“独立思考”时，他们通常指的是：这个人不再像我讨厌的人那样说话，他听上去更像我赞同的人了。

这一点值得深思。当有人与我们的观点相悖时，我们会说“他在独立思考”吗？不会。我们通常会认为他受到了负面观点的影响——他被这样那样的观念迷惑了，他读了太多的X，听了太多的Y，或看了太多的Z。同样，在我的学术圈子里，人们总是在宣扬“批判性思维”——但我们希望学生们批判的，其实是他们在家中和教堂里学到的东西，而不是我们教授给他们的东西。[1]

如果我们相信某一真理，就会认为推出这一真理的过程是清晰而客观的，是我们自己可以完成的；如果我们认为某一观念是错误的，就往往会将之归咎于方向性的错误，认为这一观念的探究者是误入歧途，就像韩赛尔与格蕾特那样，被邪恶的女巫引诱到了火炉中。[2]但显而易见，事实并非如此：思考的独立性与观点的正确性，思维的社会性与认知的误差性之间并无关联。

---

1 详见帕特里克·蒂尼的妙文《对批判性思维的批判性思考》。

我想在这里稍做停顿，表明我最不喜欢的一种修辞手法“撇清自己”：当人们声称“我们要学会对差异更为包容”时，他们通常的意思是“**你**需要学会对差异更为包容”。在上面的一段话中，我提到，“我们”这些学者只希望学生对他们从别人身上学到的东西进行批判。我不得不承认，我和其他人一样有着这种罪恶的念头。因此，我不得不在这里使用“我们”一词，我在其他一些文章里也是这样写的，因为与华丽的修辞相比，我的良知更具上风。

2 这是格林童话《韩赛尔与格蕾特》中的情节。韩赛尔与格蕾特是一对兄妹，被继母抛弃，在森林中发现了一座糖果屋，但糖果屋的主人是一位邪恶的女巫，她以糖果为诱饵，想吃掉韩赛尔。——编者注伟大的儿童心理学家让·皮亚杰（他本人更愿意称自己为认知心理学家）讲述过一个有趣的故事，主人公是两个小男孩。（皮亚杰并未说明，但我一直猜测他提到的是自己的孩子。）一个满月的夜晚，四岁的哥哥领着弟弟走进了自家门前的花园，命令弟弟来回走动。小弟弟忠实地照做了，哥哥则仔细地观察他——和月亮。"我想看看月亮会不会跟着他一起走，"哥哥说，"但它没有，它只是跟着我。"[1]

这真是在实践中运用纯正科学思维的典范！哥哥先有一个最初的假设，然后设计了一个实验来验证这一假设。鉴于他在知识上的局限性，这绝对称得上是一个精心设计的，有明确结论的实验。他的结论有一半是错误的（他正确地证实了月亮并没有跟随弟弟，却断言月亮在跟着自己），但却是真实的、真正令人印象深刻的思考的产物。如果有人告诉他，月亮是一盏巨人挂在空中的巨大照明灯，而他也对此深信不疑的话，他就会明白，月亮是不会跟随任何人的，但是在这种情况下，结论的正确并不能抵消假设的谬误。

无论怎样，我们依然欣赏这个男孩的创造力，但我们应该明白，有些时候，我们都会出于牵强的理由而相信真理，出于可信的理由而赞同谬误。无论我们认为自己知道什么，

1 Jean Piaget, *Play, Dreams, and Imitation in Childhood* (Norton, 1962).

无论我们的结论是正确还是错误，我们的判断都来自我们与其他人的相互交流。纯粹的独立思考是不可能的。

理智与情感（或分或合）

在我们试图清理那些关于思考的错误看法时，还需要解决一个普遍存在的误解：想要思考得当，人们就必须保持绝对理性，而保持理性就意味着压抑情感。[1] 讲到这一点，我们最好听听另一个人的故事，他不是生活在我们这个时代的美国基督教徒，而是一位英国哲学家和宗教怀疑论者——约翰·斯图亚特·穆勒。

穆勒在自传中讲述了父亲对他进行的教育，开篇的第一句话是："我不记得自己是从什么时候开始学习希腊语的，有人告诉我是三岁的时候。"[2] 由此，我们可以推知穆勒的童

---

1 说一句简短的历史题外话：如果你对这两个思维误区（认为独立思考很重要，认为从理性行为中撇除情感很有必要）有所思考的话，你会发现，我们对于思考的许多共识都来自一本著作——勒内·笛卡尔的《第一哲学沉思集》（1641 年）。笛卡尔在书中描绘了这样一个场景：他独自一人坐在闷热的厨房里，手里握着一张纸，同时问自己，他是怎么知道自己正独自一人坐在闷热的厨房里，手里握着一张纸的。

2 穆勒在他生命的最后几个月里写完了自传，该自传出版于他去世之后的 1873 年。

年教育是怎样的。詹姆斯·穆勒[1]认为，儿童在学习上具有远远超出旁人想象的深度和早慧性，他在大儿子身上验证着自己的这一论断。在许多方面，这一实验相当成功。毕竟，约翰·穆勒后来比父亲更有名气，更具影响力，也被认为是更伟大的思想家。

穆勒承认，这种奇特的成长经历有时候会让他觉得很痛苦。他没有在自传中提到母亲，也鲜少提及兄弟姐妹，只说自己后来成了他们的老师。他的生活似乎全部被父亲的阴影占据了。穆勒像下结论似的写道："在亲子关系中，父亲极为缺乏的是温情。"他没有因此责怪父亲，"他像大多数英国人一样，羞于表达情感，而且，情感自身也因为缺乏表达的机会而逐渐萎缩"。

但年幼的穆勒是怎样评判发生在自己身上的这一实验的（在某种程度上他就是实验成果本身）？"至于我自己的教育，在父亲的严苛教导下，我不知道该说自己是个成功者还是失败者。"需要再次重申的是，从许多方面来看，詹姆斯·穆勒的实验都可以算是一次巨大的成功。约翰·穆勒十几岁时就成了伦敦知识界的翘楚，詹姆斯·穆勒有理由相信，他的大儿子会成为社会变革的中坚力量，而在他们二

1　詹姆斯·穆勒：约翰·穆勒的父亲。——编者注

人看来，当时的英国社会迫切需要一场这样的变革。然而，正当约翰·穆勒准备大展宏图时，在 1826 年，20 岁的他遇到了一次“精神危机”（细心的读者会注意到，我在讲述梅甘·菲尔普斯－罗珀的故事时也用到了这个短语）。穆勒对此是这样描述的：

> 我突然想问自己：“假设你人生中所有的目标都实现了；你所期待的社会上和观念上的所有变革，都能在这一刻完全实现，这对你来说是一种巨大的喜悦和幸福吗？”我那无法抑制的自我意识坚定地回答说：“不是的！”想到这一点，我整颗心都沉沦了，我整个人生赖以存在的根基坍塌了。我全部的幸福就在于对此持续不断地追逐，如果这一切已经结束，人生还有什么意义？我似乎已经没有了活下去的理由。

穆勒把内心的崩溃归咎于自己，实际上这种思维源于父亲的教导。（“他像大多数英国人一样，羞于表达情感。”）这也许是整本传记中最令人心碎的章节。穆勒评论道："跟别人谈论我的感受，不会给我任何安慰。如果我能够深爱一个人，以至于能够对他坦承我的痛苦和悲伤，那我也不会陷入这样悲惨的境地了。"他就这样挨了几个月，在东印度公司麻木地工作着，为了他的父亲，不知道这种痛苦的日子还要过多久。"我只是告诉自己，一年可能是我能够忍受的极限了。"

随着时间的推移，他设法让自己的状态变得好一点——没有痊愈，没有快乐，只是应付生活，但不再处于崩溃的边缘。后来，奇妙的事情发生了：1828年秋天，他拿起一本威廉·华兹华斯的诗集，很长一段时间以来，他第一次有了类似快乐的感觉。这种快乐重新激发了他的意志力。

詹姆斯·穆勒一向致力于培养儿子的分析能力和批判能力，诗歌这种东西完全不在他的教育方案中。但年轻的穆勒在这段难挨的日子里却发现了一个令人不安的事实："分析的习惯会消磨情感……如果空有分析能力，却没有培养其他的思维习惯，分析能力就不能得到自然自发的完善和补充。"情感的损耗是巨大且难以估量的损失。

分析是个不断分离、辨别和区分的思维过程，直到所有的思维碎片都聚焦于一个中心。而要完成重新整合的过程，心灵又该从哪里获取能量呢？在精神崩溃又被诗歌治愈后，穆勒写道："培育情感成了我伦理学和哲学信条的根基之一。"

但是具体要怎样培育情感呢？这对思考又有什么作用？

有个叫约翰·亚瑟·罗巴克的人是穆勒当时最亲近的朋友之一。罗巴克对培育情感的看法与穆勒完全不同，与他展开了激辩。这并非因为罗巴克对诗歌不屑，事实上，“他热爱诗歌和美术”。那么他们之间的分歧在哪里呢？简单来说，穆勒认为罗巴克“从来没觉得艺术一类的东西对人格塑造有任何价值”。

> 他觉得培养情感没有什么好处，更无须通过想象来培养，因为想象只能让人产生幻觉。我徒劳地向他强调，由某一观念激发出来的想象和情绪是极为生动的，它们不是幻觉，而是事实，与事物的任何其他属性一样真实。

我们可以从这些描述中体察到穆勒的想法——以及为什么它对我所做的这番小小的论述如此重要。穆勒对情感和想象的维护出于两个原因。第一，仅仅使用分析思维去解决问题是不够的，尤其当你的目标是想让世界变得更美好时。你必须有个性，你必须是这样一类人——既有能力也有意愿去分析问题，并将分析结果进行积极重组，产生一个既包括思想也蕴含情感的思维构架，这样才能激发有意义的行动。

第二，当你的情感得到适度的培养，变得强大而健康时，你对这个世界的回应才能充分体现出这个世界本来的样子。看到一片美丽的风景而为之感叹，正是这片风景应该激发的情感；看到生活困苦的人而为之嗟叹，也正是这种情境下情感的自然流露。后一个例子对于像穆勒这样希望变革社会的人来说尤其重要：分析能力可以让你得出结论——在一个富裕的国家里，人们在贫困中受苦是不公平的，但是你心里却感受不到任何同情，那么你就出了问题。如果你不具备适当的情感，不能在想象中将之激发出来，这种情形就很有可能会发生，因为没有情感，你根本不会费心去分析、去揭示其中的不公平。如果不培育情感，分析的技巧可能根本就发挥不了作用。（后面我们还会讲到这个问题。）

因此，对于约翰·斯图亚特·穆勒来说，在他回顾自己年轻时代所遭受的痛苦之后，让他在分析能力和情感之间划界，并认为思维完全是分析的产物，就是不可能的。一个人必须全情投入，才能拥有真正的思考。对穆勒来说，这就意味着要有个性：方方面面保持灵敏，准备好去感知这个世界本来的样子，然后负责任地行事。

威尔特·张伯伦的男性理性

从哲学转到篮球，看起来也许很奇怪，但这有助于加深我们对理性的认识。最近我在听马尔科姆·格拉德威尔的广播节目《修正主义的历史》。在其中一期节目里，他对人们的非理性惊叹不已，并以著名篮球运动员威尔特·张伯伦为例。格拉德威尔指出，作为一个篮球运动员，罚球是威尔特·张伯伦的软肋，只有当张伯伦俯身罚球时，命中率才会有所提高，不过在他的职业生涯中，他很少会这样做。那么，他为什么要用一种更传统却成功率更低的方式去投球呢？张伯伦后来承认，那是因为，他不想用可能会被人视为小女孩或娘娘腔的姿态投球，那会让他很尴尬。

多没道理啊！格拉德威尔惊叹道。只是因为担心别人的看法，就不惜牺牲自己的职业成就！接着，格拉德威尔像往常那样，在节目中对张伯伦荒唐的行为做出了解释。我并不特别赞同这番解释，但暂且不做评论。我想说的是，我恰恰认为格拉德威尔对张伯伦行为的论断是非理性的，因为这一论断基于一项未经证实的假设。（许多思维误区都来自人们并没有意识到的自我假设。）格拉德威尔假定，如果张伯伦是个理性的思考者，他唯一需要关注的应该是自己事业上的成功。

但这是因为，像我们许多人一样，格拉德威尔似乎已经不知不觉认同了这样的想法：虽然职业运动员做的也是有酬劳的工作，但他们并非（和我们一样）迫于生计，而是要展现内心最深处的竞争本能，充满了优雅和活力。在某种程度上，这份工作让他们感到开心。我们需要明确这一点，因为我们观看比赛时所感受到的喜悦大多源于这一信念。（同样，我们喜欢观察鸟类飞行，尤其是猛禽。我们把"飞翔"与"自由"联系在一起，虽然鸟类飞行其实是出于生存本能：它们需要吃东西。但我们却并不想观看人类开车去麦当劳就餐。）

许多职业运动员都承认，尽管他们有时非常喜欢自己的工作，甚至乐在其中，却也从来没有忘记过这仍是一份工作。很多时候，他们去赛场或训练场并不是为了收获快乐，而是因为如果不这样做，他们就得不到报酬。也就是说运动员和我们一样，他们在工作中找到了一定的成就感，但工作绝不是他们唯一关心的事情。

在闲暇时间，威尔特·张伯伦主要的兴趣是尽可能多地与女性发生关系。（他曾在自传里宣称自己有过两万次性生活，让许多深感嫉妒或怀疑的读者想通过计算数字来一探究竟。）这是格拉德威尔声称威尔特·张伯伦的罚球姿势毫无道理时没有考虑到的一件事。如果你生活中的首要目标是尽可能多地与人做爱，那么你很大概率上会避免任何可能影响到你声誉的行为。如果你要接近一个女人，而她曾听人说："我想张伯伦是个伟大的球员，不过只有娘娘腔才会用他那种老奶奶似的姿势投球。"那会有什么影响呢？谁知道呢？也许张伯伦正是从他正在追求的女人那里听到这些话的。可能就是这些话，或类似的东西，让他放弃了成功率更高的俯身罚球。

另外，当张伯伦选择了一种更具"男子气概"的罚球姿势时，他究竟放弃了什么呢？也许是一场比赛的少许得分，但一般不会对比赛结果产生实质影响。而且无论怎样，张伯伦采用俯身姿势罚球时，他是篮球史上最不可阻挡的力量，而当他采用自己的常规姿势罚球时……他依然是篮球史上最不可阻挡的力量。因此，你可以说，他在工作场所放弃了一些东西，只为了在一个对他更有意义的舞台上为自己创造更有意趣的机会。这种决策在道德上可能是靠不住的，但绝不是非理性的。

关系利益

我们可以把格拉德威尔的错误称为"堪萨斯州怎么了综合征"。托马斯·弗兰克 2004 年出版了一本有名的书[1]，试

1 这本书叫《堪萨斯州怎么了——保守派怎么赢得了美国人的心》。——译者注

图解答一个令他震惊的谜题：为什么在美国的中心区域有那么多人在投选票时完全不考虑他们的“最优利益”？像格拉德威尔一样，弗兰克认为，人们只能追求一种相关利益。如果在威尔特·张伯伦的事例中，格拉德威尔只强调运动员在工作中的卓越表现，那么对弗兰克来说，人们应该考虑的唯一真正利益，就是经济利益。他们两人都忽视了“关系利益”。在威尔特·张伯伦的例子中，涉及的关系纯粹是性方面的——考虑到张伯伦在数量上的野心，他每一次罗曼史的持续时间可能都不会超过几个小时；而弗兰克著作的许多批评者指出，堪萨斯人看重的是公共利益。（也就是说，人们可能会愿意牺牲经济利益，以换取一个他们认为道德水准更高的社会环境，但弗兰克对此并不认可。）而所有这些在他俩看来很“另类”的追求，并不比人们渴望经济利益或职场成就更不合理。

从这些例子中可以看出，当我谈到“关系利益”时，我不会偏向任何人。尽管在我看来，威尔特·张伯伦的性欲至上和大男子主义是错误的，也是令人遗憾的，相对而言，堪萨斯人对区域团结的渴望更显高贵，但遗憾的是这种渴望源于环境本身的堕落和扭曲。我的观点很简单，一个对理性思维的论述，以及由此引发的一系列对于非理性思维的评判，如果不能把“关系利益”的效力和价值囊括其中，那就是一个非常不完整的理性模型。

所以，正如我们并非“独立思考”，而是不得不考虑他人的想法一样，我们也要以积极的情绪回应世界，并且保持和他人的关联，或者说我们不得不这样做。思考必须是完整无缺的——与他人相关，全情投入，保持诚实。亨利·詹姆斯在小说《卡萨玛西玛公主》的序言中写道：“情感是分层次的，我们可以将之分为压抑的、模糊的、将将够用的、无知的，还有敏锐的、激烈的、完整的——简单讲就是要对情感具备精确的感知力和充分的辨别力。”[1] 是的，这才是思考的本质：精确的感知力和充分的辨别力。我们只需要学习如何更清醒、更精准地思考。

1 James, *The Art of the Novel: Critical Prefaces*, ed. Colm Tóibín (University of Chicago Press, 2011), p. 62.

第 2 章：吸引力

好人是怎么做出坏事的

利亚·李博莱斯科是梅甘·菲尔普斯–罗珀的同代人，从小就在长岛一个无神论家庭里长大。“对我来说，宗教从来没有进入过我理性的思考体系，因此我从未想过要通过否定它来标榜自己的身份，这一点与那些对 UFO 持怀疑态度的人并无不同——他们在做自我介绍时也不会特意提及自己不相信 UFO。”这种态度，或者不如说是态度的缺失，在李博莱斯科身边的人群中相当普遍：她在高中历史课上学习宗教改革时，一个同学举起了手，问现在是否还存在路德派教徒。[1] 现如今，利亚·李博莱斯科却成了一名罗马天主教徒。[1]

1 路德派教徒信奉路德宗，后者的建立标志着基督新教的诞生。此处是说这些不信教的学生本身也对宗教很不了解。——编者注这种转变是怎样发生的呢？你也许首先会问，对于她被拉向有神论一事，她的父母可曾采取过干预措施？答案应该是否定的。无神论者都倾向于认为无神论代表着人类的未来，而宗教信仰则是人类进化的残留物，说好听一点是毫无用处，说难听一点则是会引发危险，就像阑尾一样，但你并不需要做出特别的努力来回避它。因此，在李博莱斯科的认知中，或是在她自以为的认知中，任何有关基督教的知识和信息，不过是美国新教徒的原教旨主义，类似于韦斯特博罗浸信会所传播的那类东西。

所以当她来到耶鲁大学，见到了天主教和东正教徒（他们古老的信仰有更强大的智识支撑）时，李博莱斯科并没有什么现成的理由来反驳他们的见解。这本来没有什么大不了的，如果她没有做出那个事后证明对她来说有着重大意义的决定：她加入了一个辩论会，即耶鲁政治联盟（YPU）。这里必须提及一件重要的事，虽然耶鲁政治联盟中的许多人都有辩论经验，但该社团的宗旨并不是要争输赢。“辩论结束时，没有人会赢得什么，也不会发放奖品。”不过，该社

1　若想了解李博莱斯科的故事，不妨先读一读《美国》杂志对她的专访（http://americamagazine.org/content/all-things/my-journey-atheist-catholic-11-questions-leah-libresco）。其中包括我在本章所讲述的她的经历。李博莱斯科最近结婚了，如今她的名字是利亚·李博莱斯科·萨金特。

团以其自身独特的方式营造了激烈竞争的氛围。“我们记录分数，”李博莱斯科说，“其实是记录观点的转变。”也就是说，真正重要的是你确实说服了某人——不是说服他认同你那天被分配到的论题论点，而是使之认同你真心信奉的理念。

更确切地说，说服他人只是其一，另一件重要的事情则是被对方说服。YPU 的成员在参加该社团领导职位的面试时，通常会被问道：“你曾经彻底击败过某个人吗？”“彻底击败”是 YPU 中特有的用语，指你在辩论现场，当着所有人的面，让对方改变了立场。能够彻底击败某人，是一个标志性的成就。但同样重要的是，面试者也会被问道：“那么，你曾经被彻底击败过吗？”对于这个问题，李博莱斯科说：“正确的答案是肯定的。”在某种程度上讲，“你加入 YPU 时就秉承着最正确的政治观、道德观和伦理观是一件不大可能的事。如果你没有这样的经历，即不得不抛弃一些坚持了很久的想法，我们会深切怀疑你是否毫无保留地参与到了辩论中”。詹姆斯·鲍斯威尔在其著作《约翰逊博士传》中讲到了约翰逊“喜欢谈论自己获胜经历”的习惯，但在 YPU，这无论如何都并非一种美德。

从这个意义上讲，参与 YPU 辩论所需要付出的赌注，比参与一般的竞争性辩论要大得多：你的输赢并不仅仅取决于某些裁判对你辩论能力的评判，还与你能否接受自己内心想法的转变息息相关，而立场和观点的转变则会造就一个完全不同的你。不过，在李博莱斯科看来，YPU的核心价值观就体现在，成员们愿意将自己完全置身于这样的风险之中。“被彻底击败”这一用语，表明了成员们不仅会接受，而且将履行社团价值观的意愿。李博莱斯科将这些价值观内化于心，所以最终才可能（或者至少对她来说才更容易）去全身心接纳一种与自己从小继承的理念相悖的信仰和生活方式。

在前面的章节中我写到过，我们的思考总是会受到他人的影响，李博莱斯科的故事就说明了这一点。它还表明，我们能否好好思考在一定程度上还取决于他人是谁。可以将这些人称作我们所在团体的“道德范式”。例如，愿意“被彻底击败”的态度本身就证实了一件事，即与你辩论的人是正派的，并不想要伤害或操纵你。而如果你根本不信任某些人，你也不太可能会允许他们来说服你。这说明归属感、从属感和割裂感，是在学习如何思考时必须重点考虑的问题。

联结、蒙蔽和小圈子

在乔纳森·海特2012年的著作《正义的思想》中，他试图探究我们为什么会持有不同的见解，尤其是在（但不仅仅是在）政治和宗教领域；更重要的是，他想要知道人们为什么很难关注到那些与自己意见相左，却同样聪明智慧、举止正派的人。

海特的核心观点是："在思考中，直觉位居第一，推理在直觉之后。道德上的直觉总是自动自发地产生，而完整的推理则很难有机会发挥作用，而且往往是来自那些最初的直觉。"因此我们在"道德层面的讨论"，"大多是事后空无一物的编造，只为了迎合一个或多个直觉目标"。

海特谈论得比较多的，是我们的"道德直觉"带来的两大影响：它们会联结人们的思想，它们也会蒙蔽人们的双眼。"人们组合成各个政治群体，分享着各自的道德信仰。不过，一旦他们形成了某一特定的道德信仰，就会对其他的道德信仰视而不见。""'道德矩阵'将人们联结在一起，却也使他们对其他矩阵的团结性，甚至存在本身都视而不见。"

但是，我们最初的道德直觉，以及对我们的道德生活起决定性作用的直觉是从何而来的呢？（我对这两类直觉做出了区分，因为正如我们所见，人们最终往往会对自小接受的道德框架提出质疑，有时甚至方式激烈。）海特为这种现象提供了一个解释，他认为人们对新观点的不同态度是写在基因里的：有些人天生倾向于接纳新事物，有些人则对新事物充满了恐惧和排斥。但这似乎无法解释一切，尤其是那些改变了自己想法的人：一个做出重大思想转变的人，一生中肯定接触过不止一个新想法，但还是会拒绝或忽视其中的大多数。所以问题是：到底是什么因素促使了“道德矩阵”的形成，使之成为人们评判万事万物的标准？

我认为 C. S. 刘易斯在 1944 年 11 月对这个问题做出了很好的回答，当时他在伦敦国王学院发表纪念演说，有许多学生参加了这次公开活动。刘易斯提醒听众们关注现实状况，提出在学校、企业、政府和军队中——事实上在每一个社会机构中，都存在一个与正式机构平行的“次等或不成文的体系”，即“内环”。[1] 牧师并不总是教堂里最有影响力的人，老板也不一定是工作场所中最具权威性的人。有时候，那些没有正式头衔或官方权威的人，恰恰是决定了组织工作方式的人，是他们形成了组织的“内环”。

刘易斯并不认为会有听众对这一现象感到惊讶，但他接下来的话就让有些人感到意外了。他宣称：“我相信，所有人在人生中的某些特定时期，或者从出生到死亡，都存在着一个决定性的因素，就是对‘内环’归属感的渴望和被‘内环’排斥的恐惧。”年轻人需要了解这种渴望，因为“在所

1 C. S. Lewis, “The Inner Ring,” in *The Weight of Glory and Other Addresses* (HarperOne, 2001), pp. 141–57.

有激情和欲望中，对‘内环’的渴望也许会让一个还不太坏的人做出很坏的事”。

“内环”的腐蚀力和影响力非常深远强大，因为它从来不认为自己是邪恶的，或者说它其实从来就没有宣扬过自己的存在。基于这些理由，刘易斯在国王学院的演讲中向听众们做出了“预言”:“你们十有八九都会遇到一些可能导致恶行的选择，而它的到来是那样悄无声息……趁着一杯酒或一杯咖啡下肚，它会将自己伪装成一件琐事，或是玩笑之间的无聊言语……显露出一些蛛丝马迹。”当选择到来时，“你会被它吸引，这并非是因为你渴望获利或贪图安逸，而仅仅是因为在那一刻，当温暖的杯子如此靠近你的嘴唇时，你再也无法忍受回到‘外部’冰冷世界中的痛苦”。[1]那些“还不太坏”的人正是以这种微妙的方式卷入了“坏事”之中，而坏事做多了，也就成为品行恶劣的人了。

我认为，我们的“道德矩阵”（这是海特的叫法）就是这样形成的：我们偶然遇到一个群体，碰巧当时对我们具有

1 《应用社会心理学杂志》发表了一篇名为《为小团体走向极端：典型性和群体接纳的作用》的文章，作者是利兰·高德曼和迈克·A. 霍格。文章指出，那些在团体中地位不明确的成员，往往比那些核心成员更容易“走向极端”，以表达自己对组织的忠诚。我们可以说，当杯子如此靠近他们的嘴唇时，他们便再也无法忍受回到“外部”冰冷世界中的痛苦了。

极大的吸引力，于是就产生了归属于这个群体的不可抗拒的愿望。这可能源于一种写在我们基因里的倾向，但这种倾向的激活，却似乎在很大程度上取决于我们恰巧在什么时间遇到了一群怎样的人。这其实很偶然，甚至有些可怕：如果我们遇到了一群有吸引力、有意思的人，却持有与我们截然不同的观点，那么我们可能也会完全认同他们的观点。

当然，我并没有比海特阐释得更多。我声称人们会被对他们有吸引力之人的想法所吸引，这种说法很可能会遭到指责，但从整体层面讨论某事时，总是很难深入阐释。对有些人来说，新鲜人群的吸引力在于他们看起来很聪明，或是富有、美丽。对于其他一些人来说，新鲜人群的吸引力在于，无论是在社交、宗教、还是政治上，这些人都持有与他们所厌恶的原生家庭完全不同的观点。

无论是上述哪种情况，一旦我们受到吸引并获准进入，一旦我们成为小圈子的成员，我们就会以事后合理化的方式维护我们的地位，明确我们的群体认同感，而且同样重要的是，我们接下来会试着分辨出那些“圈外人”，那些不属于我们这个小圈子的人（这是下一章的主题）。值得注意的是，就像谷歌工程师埃弗里·佩纳润所说，聪明人之所以聪明，原因之一是他们善于对自己的言行做出合理的解释：“聪明人会遇到一个问题，尤其是当他们身处规模较大的群体中时：他们需要具备对任何事情做出令人信服的合理化解释的能力。”[1]

我们需要的归属感：成员资格

在关于“内环”的演说中，刘易斯将群体的从属关系描绘得极尽黑暗，那是因为他在警告人们从属关系会带来的危险，这一点至关重要。但是，相对健康积极的群体从属方式也是存在的，而分辨不健康的“内环”和健康的群体，方式之一就是看待他们对待思考的态度。“内环”往往会打击、嘲笑、无情地排斥那些提出难堪问题的人。在一些极端情况下，比如当人们参与某种大规模的政治运动时，这种现象表现得最为突出。埃里克·霍弗在其经典著作《狂热分子》中对此做出了解释：

1 详见佩纳润的个人博客：http://apenwarr.ca/log/?m=201407 #01。佩纳润在这篇文章下令人信服地评论道：“在这里工作让我明白，聪明的、成功的人身上都有一种魔咒，就是信心。而信心来自生活中接连不断的真正的成就，比如有一份公认的好工作，在一个别人仰慕的大公司就职，领取相当丰厚的薪水，开发的产品拥有百万用户。要做到这些，你一定得很聪明。事实也的确如此。你可以证明这一点。”

因此，当失意者聚集在大规模的运动中时，空气中充满了怀疑。有窥探和监视，有紧张的观察，你还会敏感地察觉到他人监视自己的目光。令人惊讶的是，这种群体内病态的不信任，导致的不是分歧，而是高度的一致性。知道自己一直处于他人的监视之中，人们会加倍努力，言谈举止都严格遵从既定的规则，以表达自己的忠诚，逃脱背叛的嫌疑。严格地遵守正统既是相互猜疑的结果，也是热烈信奉的必然。

霍弗接着一针见血地指出："狂热分子的忠诚是展现给整个组织的——教会、党派、国家——而不是展现给组织内的其他狂热分子的。"是啊，其他狂热分子可能只是在装出自己的信仰，还会同样怀疑你在假装。对霍弗来说，"只有在一个相对宽松和自由的群体中，个体之间的真正忠诚才有可能存在"。这一点也适用于规模较小的群体和不那么极端的情况。真正健康的群体对思考和质疑都是持开放态度的，只要后面两者是出于善意。[1]

为了进一步做出对比，我们会继续参照刘易斯的论断，因为他对这个问题做出了持续和深入的思考。虽然大家都知道刘易斯是一位具有基督教背景的思想家和小说家，但是我认为当时年近三十的他对社会变革的看法，对我们是怎样加入和退出一些群体的分析和解释，与他的基督教信仰并无太多瓜葛。他的这些想法，倒是可以追溯至他尚无任何宗教信仰的青春期。他对这些事物的理解源于他在寄宿学校的经历。他本是个孤独的、酷爱读书的少年，进入了一个层次分明、等级森严、竞争激烈的男生世界，他期望在其中获得并保有一席之地。他憎恨在那里度过的每一刻，眼睁睁地看着自己为了生存而向同伴们卑躬屈膝，他对于“内环”的思考就是从那个时候开始的。

只在极少数情况下，刘易斯才隐晦地指出了“内环”并非群体法则的全部。多年以后，他在一场名为“成员资格”的演讲中表明了自己的看法。尽管这场演讲是面向基督教徒的，关注的更多是实用方面的信息，其意义和影响却要深远得多。

刘易斯认为，现代西方世界只允许我们在“只身一人”

1 Eric Hoffer, *The True Believer: Thoughts on the Nature of Mass Movements* (Harper Perennial, 1951), pp. 124–27.

和“隶属某个群体”之间选择其一，而做出任何一种选择都不是一件容易的事。对刘易斯来说，在群体之中，我们都有着差不多的地位和身份，像是演唱会或足球比赛的观众。在这个世界上，最容易丢失的是“成员资格”，后者可以让你脱离“孤独一人”“默默无闻”的境地。对此，刘易斯解释说：

> 获得“成员资格”与仅仅成为群体中的一员到底有什么不同，或许可以从家庭结构中窥见一二。祖父、父母、成年的儿子、孩子、狗和猫都是真正的“成员”（在自然意义上），这正因为他们不是同类或同辈。他们是不可互换的，几乎每一个都独一无二……如果你要从中去掉一个，那你减少的不是家庭成员的数目；你破坏的是家庭的结构。

不过，刘易斯接着说，真正的“成员资格”可以以不太正式、未获公认的方式存在，例如“朋友关系”。他举了一个经典的例子：《柳林风声》（这是他最喜欢的书之一）。书中的河鼠、鼹鼠、老獾和蛤蟆组成了“四人小群体”。它们是如此不同，彼此之间虽然存在巨大的差异，一起创造出的能量却远远大于各自简单相加的总和。它们每一个都需要通过其他几位的帮助来完善自己。老獾需要朋友们帮它摆脱冷漠和孤独；蛤蟆需要别的动物帮它……嗯，摆脱困境，它总是让自己陷入困境之中；没有河鼠，鼹鼠永远都不可能体验到“在小船里肆意折腾”的单纯快乐。

关于这个“四人小群体”，最可贵的一点，也许是它们任何一个都没有试图让其他成员遵循预设的规则。根本没有谁想让蛤蟆改头换面，只是希望它能多一点自我克制。每个成员对群体的贡献就在于其独特性：如果成员之间没有什么显著的不同，它们对群体的价值就降低了。我要补充的是，这也是《哈利·波特》中哈利、赫敏和罗恩之间的友谊得以维系的关键：他们都是格兰芬多的学生，具备勇敢无畏的品质，但性格和爱好几乎完全不同。（奇怪的是，当我要为这类由情感维系、接纳成员独特个性的非正式成员关系举例子时，想到的往往都是儿童文学作品，或许是因为大多数成年人对此种关系已经不再抱有希望了。）

但不管是什么年龄段的人，拥有某种真正的“成员资格”都是思考所必需的。我们已经发现，完全排除他人影响的“独立思考”是不可能存在的；我们也同样看到了“内环”带给人的影响——要拥有归属感就必须遵守统一的规则，因此，想要进行真正独立的思考，几乎是不可能的。要想避开错误的隶属关系带来的危险处境，唯一可行的方法就是真正从属于或加入一个不那么讲求“志同道合”的群体。

使用推特大约 7 年后，我认为推特圈已经备受调侃、嘲弄、尖酸言语，甚至是纯粹恨意的毒害，我再也不能容忍下去了，但是，我又不想放弃自己在那里所建立的真诚的、宝贵的关系。所以，我决定注册一个推特小号，只有我最看重的那些人才能关注。我的想法是，关注我的人数要少于一百，每个人都是我在现实生活中见过面的，除此之外没有其他要求。结果，关注我的人当中，有的是基督徒，有的是犹太人，有的是无神论者，有的是学者，有的质疑学术圈，有的是社会主义者，有的是保守主义者。在我书写这段文字时，我才意识到我还是遵从了某种“遴选原则”：我选择了那些与自己没有多少共同语言的人交往。经验告诉我，即使我发表了什么他们强烈反对的言论，他们也不会把我一脚踢出去。也就是说，我确信自己是一个新鲜的网络小群体的成员，这对我来说意义重大。有时我甚至会写下一些对于他们的看法——通常只有少数人会做出回应，但当他们回应时，我知道这些反馈来自真实的想法，而不仅仅是情绪化的反应。同样，这些人不一定是志同道合的，但他们都天生具备开放性，善于倾听。在这个层面上，他们保持了可贵的一致性。

人们很容易低估这种联结的价值。埃里克·霍弗对这一点则看得很清楚。他评论说："个体抵抗胁迫的能力，部分来自该个体对某一群体的认同。能在纳粹集中营里撑到最后的人，往往是那些认为自己属于某个群体的人。他们可能是一个组织严密的党派的成员，比如共产党员，他们可能来自教堂，是神父或牧师，或者来自一个非常团结的民族。"不管是 21 世纪依赖智能手机的人们，还是生活在大草原上的史前狩猎者，对所有人来说，分离与隔离都是致命的，只有真正的团结才能维系生命。与我们刀耕火种的祖先不同，我们要面对的问题，是区分"真正的团结"和"内环"带来的归属感。

评估你的投入（以及你的乐观程度）

正如苏格拉底在很久之前告诉我们的那样，要想区分这两者，首先需要的是一点"自知之明"。而在各种各样的自知之明中，我在此尤其推崇的是对"自身投入"的了解。

几年前，我开始与美国久负盛名的《哈泼斯杂志》的编辑克里斯托弗·贝亚联系，他询问我是否可以写一篇有关美国知识分子基督教徒群体日渐衰落的文章。这种机会对我来说非常有吸引力：《哈泼斯杂志》毕竟是美国最有声望的期刊之一，而且很少刊登基督教徒写的反思美国基督教的文章。因此，我尽力以一种对克里斯和其他编辑都有吸引力和说服力的方式来表达我的观点。

但我也不能出卖自己的良心。我不会真的在《哈泼斯杂志》的文章里说谎——有时你可以不说实话，但那不叫说谎。你可以大肆强调某些你并不那么信服，但内心深处也觉得确实有些道理的东西；你可以稍微避开那些容易引起争议的话题。我可以告诉自己，我只是在努力为自己的作品找到合适的读者，这是必要的，也是有价值的，对吗？但即使是一件好事，也可能会偏离方向。那么，在（a）为我的作品找到合适的读者，和（b）迎合某些人，以便在具有影响力的杂志上刊登文章之间，界线在哪里呢？我当时不知道，现在还是不知道，但我知道确实存在着一个界线。

最后，这篇文章得以面世，为此我感觉相当良好，但每当我想起它的时候，就能听到从脑海深处传来的声音：你说出你内心的真实想法了吗？还是只想讨好别人？拥有自知之明总是很难的。

自知之明虽然至关重要，但了解“成员资格”和“内环”文化却还需要涉及更多东西。如果罗杰·斯克鲁顿在其著作

《悲观的意义》中的观点是正确的，那么阻碍健康的隶属关系形成的一个因素，就是“肆无忌惮的乐观态度”。这种态度基于这样的信念：“人类所面临的困难和障碍，可以通过一些大规模的改变得以克服，比如制订一个新计划，建立一个新体系，这样人们就可以从自己暂时的牢笼中解脱，走上康庄大道。”（斯克鲁顿称这种乐观为“肆无忌惮”，因为它毫无顾忌，欠缺谨慎，极少自省。它是轻率鲁莽的。）

当这些乐观者企图去推动一些“显然很正确”的事情时，往往会以“追求共同利益”为口号。但斯克鲁顿认为，乐观者态度的出发点都是“自我”：这一切都是为我和那些与我持有相同观点的人服务的。斯克鲁顿将这种“自我态度”与“我们态度”进行了对比——虽然这种叫法未必恰当，但这种对比还是有价值的。

> 真正的“我们”清楚有哪些限制和约束，知道不能逾越边界，边界才是赋予我们生活意义的东西。此外，真正的“我们”，会为了爱和友谊的长远利益而放弃“自我”，甚至不惜牺牲自我的利益，无论这些利益有多么珍贵。持“我们态度”的人会以协商的姿

态与他人相处，不求目标一致，但要界限明确。它欲望有限，不难放弃；它时刻准备为更具回报价值的社会情感放弃自我权力和欲望的膨胀。[1]

我觉得这段引文特别有趣的地方，是它将人们对“爱和友谊”的偏好与“跟他人相处的协商姿态”联系在了一起。斯克鲁顿认为，如果我们更关注平和安宁地享受“社会情感带来的好处”，而不是统治世界，我们就更有可能宽容对待那些也想享受同样好处的人，即使他们在信仰和行为举止上都与我们差异很大。

斯克鲁顿算是那种非常传统的保守主义者（比如说，他一直都是猎狐运动的捍卫者），有一点不得不承认，他在这里表明的观点很容易会被用来支持一种不公正的社会秩序。毕竟，如果你是统治阶级的一员，你会说：“现在，请抛开个人利益，放弃你自己的想法，只要享受人与人之间的陪伴就好。让我们通过协商来解决问题，好吗？”这种说法对你显然很有好处。这番说辞是为了维持现状，平息人们对正义

1 Roger Scruton, *The Uses of Pessimism* (Oxford University Press, 2010), p. 17.

公平的呼吁。因此，如果你要为那些遭受压迫或处于社会边缘的人发言，那么紧密的团结比“保持开放的思想”、“试图理解对方”、包容异见者更为重要。

让我们也这样做吧：把团结看得比思想开放更重要，并认同我们最深刻的信念并不一定非得接受检验推敲。（我们稍后会看到，保持开放的心态只在某些时候是件好事。）即便如此，如果人们比他们通常表现的更重视思考，很多问题可能还会出现，并且也应该出现。

团结精神，盟友和敌人

让我就这个观点举个例子。让我们回想一下 2014 年塔那西斯·科茨发表在《大西洋月刊》上的一篇文章所引发的争议吧。这篇雄心勃勃、长篇大论的文章名叫《为赔偿辩护》。文章发表后不久，我与几位朋友对此做了些探讨。我们都认为这篇文章对极不公正的社会秩序的描绘相当有力，但我的看法是，虽然文章相当感人，科茨却并没有真的说明“赔偿”应该存在的理由。对我的这一论断，一些朋友质疑道：“你怎么会认为文章里写到的那些人不应该得到赔偿？”

我回答说，这不是他们应不应该得到赔偿的问题，上帝知道他们远该得到更多。我不过是想在“诊断”和“治疗”

之间做出区分：某人可能被确诊为癌症，但对他来说化疗不是最好的疗法。如果我只是对化疗在特定情况下的疗效提出质疑，那么指责我认为病人根本不应该得到治疗就是没有道理的。同样，我也认为非裔美国人在法律与社会问题上遭受着不公正的待遇，而且这些不公正的现象已经延续了数百年，但这并不意味着赔偿就是正确的补救方式。至少，我们需要先来回答三个问题：谁来给予赔偿？谁是赔偿的受益者？谁来决定是否需要进行赔偿？

我不认为我的朋友们能够认同我的观点，但对错暂且不论，我认为这次争论触及了一个至关重要的问题，关乎目的和手段。我对这次争论的逻辑是这样理解的：科茨发表这篇文章的目的，是希望打破种族主义在经济和社会领域中对非裔美国人根深蒂固的控制；我的朋友们以毫无保留、满怀热情的态度极力推崇这篇文章，实际上却是在拒绝认真反思美国社会中这个看似永远无法解决的锥心之痛。

我觉得他们是被这篇文章中的真诚与团结精神所感动，而团结精神有时会完全撇开我所说的“批判性反思”。如果你的朋友刚刚摔断了胳膊，你应该立刻去安慰她，照顾她，而不是发表“滑板运动如何危险”的演说——这件事应该留到以后再做，又或许它根本就不是你应该做的事（这取决于你和这位朋友的亲密程度）。但当科茨“为赔偿辩护”时，他涉及了一个国家的公共政策，这也就意味着，虽然想要推动意义重大的政治变革就必须对不公正社会现象的受害者表示支持，但仅仅有支持的情谊和精神是不够的，还需要以冷静理智的方式，分析哪些特定的策略和方法是最有可能实现预期目标的。

可是，如果你是一个斯克普顿口中的“乐观主义者”，你就很难看到这一点，因为对你倡议的方式提出质疑，似乎就是在忽视你最珍视的目的。我们都免不了陷入这个误区，但区分目的和手段是非常重要的，在任何公众事务的辩论中，我们都必须首先牢记这一点。如果我们在辩论之初认同对方的目标与我们一致——希望有一个健康繁荣的社会，使得所有人都能实现自我，我们就可以与对方交流，可以把自己看作一个群体的真正成员。即使一天辩论下来，我们很遗憾地发现，我们和对方想要达到的目标并不相同（这种情况是有可能的），我们也最好在一天的辩论结束之后再做总结，而不是一大早就做出论断。照这种方式，我们可以在很多方面相互学习，也有可能获得意想不到的机会，发现自己真正的归属——与持相同信仰的人相比，性情相投的人可能会发展出更真诚的友谊。在善良和慷慨的人当中，这种友谊存在的可能性会更大。

这样的关系网络有点儿复杂，要发现它们的存在，需要具备古人所说的“审慎”的美德。这一美德，就像其他许多美德一样，重在规避某些恶习的影响，包括斯克鲁顿所说的“肆无忌惮的乐观”，与之伴生的妄下论断，以及盲目信任自己所偏好的手段。审慎的态度并不是对正确之事犹疑不决，而是要谨慎地选取实现目标的最佳方案。它引导我们去寻找盟友，哪怕是不完美的盟友，而不是去树敌。如果我们要做出更好的思考，所有这些都是很重要的。正如《圣经》上所说：“愚蒙人得愚昧为产业。通达人得知识为冠冕。”

第3章：排斥力

为什么说你待人可能并不如自己想象的那样宽容

斯科特·亚历山大是活跃在当代的一位思想很有深度的博主，我认真拜读过他的文章，因为他的观点有助于我更好地思考。几年前，他写过一篇题为《我可以忍受一切，除了“异类”》的文章。他致力于在文中回答一个问题：为什么白人直男可以对黑人女同性恋（只是举例来说）表示亲切友好，却常常对其他白人直男态度恶劣？这里自己人和非自己人的传统界线发生了什么转变？亚历山大的回答是：“非自己人可能跟你很相像，但可怕的异类则有可能在机缘巧合下意外成为自己人。”[1]

接下来他给出了一个强有力的例证。有一次，他说本·拉登的死让他长舒了一口气，有的读者却对此表示强烈的不满。亚历山大发现，那些他曾经认为理智又聪明的人中，不止一个“就别人对本·拉登之死所产生的兴奋之情，表现

1 参见网址：http://slatestarcodex.com/2014/09/30/i-can-tolerate-anything-except-the-outgroup/。

出了明显的厌恶。我急忙改口了，说我不是为这件事本身高兴，只是感到惊讶和如释重负——这一切终于过去了”。

但玛格丽特·撒切尔去世时，亚历山大继续说：“同样是这些‘聪明、理性、体贴的人’，却在脸书上贴出歌词‘叮咚，女巫死了’。还有不少人附上了英国人上街自发狂欢的视频链接，并写下诸如‘好希望我能参加’的评论。同样的一群人，却对这些做法一丁点厌弃的表示都没有，也没有喊着‘不要这样，伙计们，我们毕竟都是人类啊’。”甚至当亚历山大指出这一点时，也没有一个读者认识到他们庆祝撒切尔夫人去世这件事有什么问题。

因此亚历山大意识到，“如果你属于蓝色阵营，那么你的异类不是基地组织、穆斯林、黑人、同性恋、变性人、犹太人或无神论者，而是红色阵营”。真正意义上的异类，恰恰是与我们相近的人。[1]

---

1 参见文章《后党派是超党派的》（http://slatestarcodex.com /2016/07/27/post-partisanship-is-hyper-partisanship）。“我们总是以‘近距离模式’来打量与我们相近的群体，通过品性和价值来判断他们是可接近的盟友还是危险的敌人。而对于不太相近的群体，我们则主要采用‘远距离模式’，我们通常会异化他们。这种异化有时是积极的，类似于区分高贵阶层和野蛮人；有些时候则是消极的，会将和我们不一样的群体看作卡通片式的邪恶人物，虽然让人厌恶，却也显得更有趣或更具吸引力。

惩治异类

在亚历山大发布了上述那篇博文后，有一篇在调研基础上写成的文章证实了他的假设。文章名为《跨党派的恐惧和厌恶：群体极化的新证据》，作者是山图·艾扬格和肖恩·J. 韦斯特伍德。文中指出，今天的美国人，不只对政见不同的人存有敌意，他们也越来越愿意把这种敌意付诸行动。艾扬格和韦斯特伍德的调研揭露了大量种族偏见现象，这是意料之中的，情况很可能还会在未来几年继续恶化，但调研涉及的人群却认为自己不应该成为种族主义者，或者至少不应该表现出来。当差异与意识形态交织在一起时，情况却不是这样的："尽管对非裔美国人的负面态度由来已久，社会规范却还是在试着去抑制'种族歧视'的表现，然而，人们却好像并没有压制'党派歧视'的想法。"[1] 很多美国人都常常会歧视来自陌生族群的人，而这也许是调研结果中最有说服力也最令人困惑的一点：他们惩治异类的欲望，远远超出了他们支持自己人的意愿。通过一系列的实验，艾扬格和韦斯特伍德发现，"相较于对自己人的偏爱，对异类的仇恨会引发更深远的影响"。

1　文章发表于 *American Journal of Political Science* 59, no. 3 (July 2015)。

我在本书一开始就提到过，书中的很多主题和话题都源于一个事实，即我同时属于两个通常处于对立状态的阵营，学术界和基督教会。当然，学术界和教会都有自身的内部矛盾，而且惊人地相似。两个阵营中都有一个常见的现象，就是某种逻辑拥有强大的力量，这种逻辑可以被总结为“敌人的敌人就是朋友”。水火不容的人，反倒会形成强大的联盟——如果这样做可以打败他们意识形态上的敌人。他们在此过程中呈现出的活力和机智，会让拿破仑都自叹弗如，当然，他们所展现出来的冷酷无情，可能也会让拿破仑战栗不已。

说到这里，我们可能会想起罗杰·斯克鲁顿所不以为然的那种乐观主义——“肆无忌惮”、急功近利。如果你相信这世间的黑暗不公不仅能够得到改善，而且可以彻底解决，那么那些对此不与你一样抱有乐观态度的人，或是那些同样乐观却将这种态度用于他途的人，就是“乌托邦”的敌对方。（“敌对方”实际上就是一个和你唱反调的人，一个阻挡你去路的人。）遵照这样的逻辑，整个阶层的人都是可以被消灭掉的——的确，乐观主义者可以将之视为己任，去消灭敌对方。正如 19 世纪一位教皇所言，“错误没有权利”，当乐观主义者沉迷于为自己的事业添砖加瓦时，会很容易忘记奥里斯特斯·布朗森对教皇这句名言的重要补充：“错误没有权利，但犯错误的人与不犯错误的人拥有同等的权利。”[1]

多年来我一直在关注一个话题，也将在这本书中提到：在政治上采取行动时，很重要的一点就是保持警醒，要知道风水轮流转，与你“志同道合”的人并不会总当权。我认为在民主社会中，遵从政治哲学家所谓的“程序主义”是明智且合理的。程序主义意味着政治上的敌对双方应该遵守同样的规则，这样我们才能保持平和的社会秩序。可惜这种信念正逐渐被美国人所抛弃。我在学术界和宗教界都发现，人们要么利用现有的规则排斥对手，要么制定新的规则，直接将对方边缘化，完全没有停下来问问自己，这些做法是否公平，或者当政治风向转往另一边时，会不会自食其果。这就是纯粹敌意的后果，它使我们丧失了道德和实际的判断力。

本章的任务就是识别敌意带来的破坏力，找到战胜它的方法。要做到这一点，经典范例之一就是在对手中找出那些最聪明、最理智、最公正的优秀代表。当你读到这句话时，如果你的第一反应是对手中没有什么聪明、理智、公正的人，我会请求你再考虑一下，你是否觉得能在与你意见一致的人当中找出具备这些品质的人？如果答案是肯定的，我会鼓励

1 “错误没有权利”是教皇庇护九世在他著名的通谕《谬论举要》中所做的论断。布朗森是一个狂热的天主教徒，1863年，他在一篇题为《改革与改革派》的文章中表明了自己的上述观点。

你就上一章所提出的一个教训进行反思：你会有这种想法，主要是因为被情感蒙蔽了双眼。

我们会探讨一些方法，供你找出对手中这些“典型”的代表，并阐述这样做的重要性；不过我在本章后半部分的主要任务，是想要告诉你如何才能找到那些真正值得观察、倾听的人，即使你对他们的观点持不同意见。

“但是，”可能马上就会有人跳出来说，“你这么写，就好像是在暗示排斥别人或别的观点是错误的，是本质上的错误。然而的确有一些想法很让人反感，持有这些想法的人也不例外，尤其是当他们态度激烈时。还记得前文中菲尔普斯-罗珀在推特上的言论吗——‘上帝憎恶同性恋，同性恋者应该被判处死刑’？”

的确让人反感。不过，正如我们所了解到的，梅甘·菲尔普斯-罗珀的思想后来发生了转变。所以说，持有这种可怕观点的人中，至少有一个显然并非怪物——很有可能还不止一个。多年来，我不得不承认，有些持有可怕教育观的人，对他们的学生比我对我自己的学生还要尽心尽力；还有一些人，对神学的态度令人咋舌，极大地阻碍了教会的健康发展，却从来都比我更加虔诚和慷慨，更像基督教徒。这种境况令人想不通，即使它并不意味着这些人与我们意见相左的看法是正确的。被这些人所包围，让我不得不面对一些关于自身的事实真相。单凭这一点，我就要寻求一切可能，来降低敌意带来的破坏力。

鲍沃尔主义与海狮

如果一个并非怪物的人持有让你厌恶的想法，他的观点不仅错误还令人讨厌，让你本能地想要远离，那你应该怎么办呢？几年前，莱昂·卡斯在文章中讨论了他所谓的“反感的智慧”，虽然这个概念看似与保守主义相关，实际上政治圈里的人都信奉于此。他们就是会对不一样的人和事感到反感。[1] 我可以公平地说，我们的“排斥腺体”相当冲动，有时不太可靠：有时我们会毫不意外地被别人排斥，有时则会被排斥得有些莫名其妙，却可以很快摆脱这种局面。我不否认，反感和排斥中也有智慧，但我想关注那些需要摆脱冲动、理智行事的情况。

所以问题来了：某个人的信仰令人憎恶，不过他也只是个普通人。好吧，也许他并不是一个怪物，但这并不意味着他没问题。也许他道德败坏（“内心充满仇恨”），或是受制

---

1 卡斯在《反感的智慧》中认为我们应该对人类克隆的前景感到抵触，这是该文的主要论点。

于一些不健康的情感（“恐惧”“愤怒”“苦恼”）。请注意括号中的假设：问题源于病理学，如果他在道德或心理上没有严重的缺陷，他就不会犯下这样的错误——我们或多或少都是这么想的。

不过我们所有人都错了。你最爱的人和最敬佩的人也是会犯错误的，如果你愿意的话，可以举出很多例子，但是你不会把那些错误归咎于病理学。你不会把他们视为希拉里·克林顿所蔑称的“一群无耻之徒”。这是为什么呢？

这种因人而异足以令人不安，而且情况可能会变得更糟。请注意，现在我们这番关于“某某人的做法为什么是错误的”的探讨，使我们回避了一个更具挑战性的问题：我们如何能断定某某人的做法是错误的？这是个好问题，即使某某人认为犹太人大屠杀从来没有发生过，或者相信巴拉克·奥巴马私底下其实是一个穆斯林，但仅仅提出这个问题，你就进行了一次有效的智力筛查，提醒我们反思自己的观点是否就那么可信。

这里刘易斯又对我们施以援手了。在一篇严肃的文章较为轻松的段落里，他捏造了一个叫作伊齐基尔·鲍沃尔的人，后者“是 20 世纪的缔造者”，其了不起的成就是发现了一个伟大而永恒的真理：“假设你宣布你的对手是错的，并直接说明他错在了哪里，所有人都会很崇拜你。但是，如果你试图证明他是错误的，或者（这更糟糕）试图探究他到底是对还是错，我们这个时代的活跃分子就会把你推倒在墙角。”对此，刘易斯给出了一个万金油似的辩论策略——“直接假设你的对手是错误的，然后对他的错误做出解释”。他将这一策略命名为“鲍沃尔主义”。[1] 这是传统人身攻击的变种，也的确很常见，但刘易斯错在认为它是“我们这个时代全球化动荡”的产物，而且是最近才出现的现象。而实际上，这种现象可能和人类的分歧本身一样古老。想想我们历史上最臭名昭著的公开辱骂竞赛之一：500 年前马丁·路德和托马斯·莫尔的骂战吧。

但是，在我们探讨鲍沃尔主义之前，需要先考虑一个由此引发的问题，一个与我们紧密相关的问题：新技术在其中发挥的作用。印刷机和宗教改革之间的密切关系广为人知，相较之下被人忽视的是欧洲的邮政系统（部分原因是缺少历史记录）——尽管它并不算是一个真正的系统，很难确定那时寄出的某封信是否真会到达目的地。这也许就是那个时代有那么多信件被公开印制发表的原因，有的作为一本书的序，有的抨击信则被单独发表，但这就引发了一个模糊不清的局

1 C. S. Lewis, “‘Bulverism’ or, The Foundation of Twentieth Century Thought,” in *God in the Dock: Essays on Theology and Ethics* (Eerdmans, 1970), pp. 271–77.

面：书信交流介于公众领域与私人领域之间，在这其中摇摆不定。

要理解这个局面，克里斯托弗·亚历山大等人在他们开创性的著作《模式语言》中介绍了一个概念。该书就建筑的社会背景和更普遍意义上的空间设计进行了探讨，而这个概念就是亲密性梯度。社交媒体中有很多紧张的人际关系都源于"不相容假设"，即亲密关系的程度会影响人们在特定场景进行语言交流的效果——我们或许可以称之为海狮问题。

戴维·马克曾发表过一幅漫画：两个男人在大路上驱车前行，其中一人说自己"对所有哺乳动物都不反感，除了海狮"。一旁的朋友警告他别说这么大声，但为时已晚，这话被一头路过的海狮听到。它于是一路尾随着他们，追问那个男人为什么讨厌海狮，最后甚至跟到了他的家中。男人生气地赶走海狮，海狮却反问他："你在公开场合发表了言论。你是不能维护自己的观点，还是仅仅不愿意进行理智的探讨？"

某次交谈到底是私人的、公开的，还是半私密的（比如餐桌旁的交谈）？这是一道难题，往往与"在线去抑制效应"[1]相伴而生，它是很多在线交流都有些破裂、无法正常沟通的

1 在线去抑制效应：指与面对面交谈相比，人们在交流时会感受到缺乏控制。导致人们产生这种感觉的因素，除了个性和文化背景外，还包括在线交流的匿名性、隐蔽性、异步通信、移情缺乏等。这种去抑制效应的影响既有积极的方面，也有消极的方面。——译者注

主要原因。不过事实证明，这个话题本身已相当古老了。[1]这就引出了我们的例子。

托马斯·莫尔对马丁·路德及其追随者的攻击，以及路德对天主教的攻击（尤其是针对教皇的），会使今天的大多数网上骂战显得弱爆了。莫尔给路德写信说："你满口胡言，你那张嘴就像堆满粪的粪池，里面的垃圾都是你腐烂的呕吐物。"他还骂路德的追随者"用他们身体中最肮脏的排泄物去诋毁最圣洁的耶稣受难形象"，这样的身体"注定要被焚毁"。而路德则斥责"亲爱的狗屁教皇"舔舐魔鬼的肛门，而所有的教皇，"你们是绝望的彻头彻尾的流氓、杀人犯、叛徒、骗子，所有世界上最邪恶的人当中最渣的那一种。你们全都是地狱里最可怕的魔鬼，满肚子都是肮脏与邪恶，必须呕出来，吐出去，掩埋掉！"

莫尔和路德都坚持认为对方在把可怜而无知的基督教徒驱往地狱，因此对他们来说，进行这样的攻击一点儿都不为过，甚至应该把对方骂得更惨，只要他们能想出来更恶毒的词。不过在我看来，语言暴力的出现可以部分归因于新技术引发的失控状态，特别是印刷机的发明和邮政系统的诞生，因为这两种技术使得从来没有见过面，可能也永远不会见面

1 "在线去抑制效应"这一术语是约翰·苏勒在其同名文章中首次提出来的。

的人，彼此之间可以进行对话——在上述情况下，也可以说是“进行怒吼”。这就好像他们在隔着很远的距离大声嚷叫，好让别人听得到自己的声音。这与过去人们打长途电话的情景极其相似，人们会提高自己的嗓门，好让身处巴黎或布宜诺斯艾利斯的通话者听得到。我们中很少有人会这样大声、激烈地与邻居说话。

的确，路德和莫尔都没有把自己的对手视为邻居，因此他们才不理解，即使在长途书信的辩论中，基督教徒也必须要像爱自己一样爱他们的邻居。也许只有当某些通信技术使我们可以与那些非传统意义或普遍意义上的“邻居”交谈时，“他者”这一哲学概念才会真正产生。克尔凯郭尔在其著作《爱的作为》中讥讽道：“邻居就是哲学家所说的他者。”克尔凯郭尔终生周旋于哥本哈根（当时还是一个小城镇）的政治和社会冲突中，或许正是这种生活背景使他可以看到“邻居”退化为“他者”的过程。[1]一系列的技术使我们可以与从前并非是邻居的人展开对话和辩论，结果却导致了人际关系的失控，以及仁爱宽容的缺失。克尔凯郭尔呼吁我们摆脱这种局面。通信技术帮助我们克服了空间距离的限制，却也导致我们忽视了我们与同住在这一世界上的人所共有的普世

1 Kierkegaard, *Works of Love*, trans. Howard and Edna Hong (Harper, 1964), p. 37.

人道主义。数字技术让梅甘·菲尔普斯-罗珀意外发觉了人性，可是还有很多人在用这样的技术维护文化对立性。

说到这里，我们可能会想到罗杰·斯克鲁顿所提倡的“与他人协商的姿态”。我认为，这就是不把一个人看作“他者”，而是看作“我的邻居”的态度。当你这样做时，可能就很难采用鲍沃尔的方式来对待他，不会将他视为犯了明显错误的人，认为根本无须与他争论，只管尽情嘲弄就是。只要一个人对你来说仍然只是“他者”，是你的文化对立者，是可以通过技术手段而非充分的人道主义来打交道的对象，你就会忍不住采用鲍沃尔的方式对待他了。

理性国的生活

到现在为止，本章和上一章探讨了吸引力和排斥力是如何对我们的思考施加影响的。面对这些问题，有人可能会说：让我们排除吸引力和排斥力的影响，通过评估现有的信息，凭借百分之百的理性做出自己的决定吧。我们在前文中讨论过这个想法，基于目前所知，我们可以重新回到这个话题，做出进一步的分析和探讨了。这个话题非常重要，而通过更进一步的探究，我们可以把几条线索连接起来，了解什么是良好的思考。

2016年6月，天文学家尼尔·德格拉塞·泰森发布了一条广受关注的推特："地球上需要一个虚拟的国家——理性国，国家的宪法只有一条：所有政策的制定都应该有充分的依据。"对那些自称为理性国公民的人，比如埃利泽·尤德考斯基和罗宾·汉森，这可能是一条让他们备觉暖心的推特。尤德考斯基和汉森在2006年创建了一个公共博客，名为"克服偏见"。[1]（汉森现在是博客的第一写手。）根据这种理性范式，我相信上述这些人会认为，思考就应该遵照完全的理性，吸引力和排斥力都只是偏见，会对我们评估信息的能力造成消极影响，因此应该予以"克服"和消除。

但我们应该回想一下老朋友约翰·穆勒。他发现："分析的习惯有一种消磨情感的倾向……如果没有培养出其他心理习惯，且分析缺乏自然而然的补充和纠正，就会如此。"这一发现使他得出了全新的结论："培育情感成了我伦理学和哲学信条的根基之一。"

穆勒的观点本身就很有说服力，前文中他自己的故事也是一样。不过现在我们要注意的是，在100多年之后，神经学家安东尼奥·达马西奥证实了穆勒的这一观点。达马西奥在其力作《笛卡尔的错误》中解释道，无论是因为受过损伤还是出于先天缺陷，当人们只能对情境产生有限的情绪反应，

1　博客网址为：http://www.overcomingbias.com/。

或根本无法产生任何情绪反应时，他们的决策都会受到严重损害。他们只使用理性来进行决策，而事实证明，理性本身并不足以指导行为。

我将以一位名叫SM的女士为例说明这一点。SM患有一种罕见的皮肤黏膜类脂蛋白沉积症，她大脑底部杏仁核的功能因此受到影响，外在表现就是没有恐惧感。瑞秋·费尔特曼在《华盛顿邮报》上发文解释道："SM并不愚蠢，她知道什么可以要她的命，但是她缺乏我们其他人在面临危险时会做出的快速的、下意识的判断和本能的反应。在某种程度上，她过着无比美好的生活，她遇到的每个人都和善可亲，这个世界充满了阳光。然而，她必须打起精神来处理险情，这可能会让她陷入不幸的处境。"有一次，一个坐在公园长椅上的男人请她过去，她欣然同意，结果这个人抽出了一把刀来威胁她。[1]

达马西奥写道，问题在于，SM"不能自觉自发地应对危险信息"。人类的大脑没有精力在醒着的每一刻都去处理这

1 SM的故事最早由美国国家公共电台的广播节目《视而不见》播出，安东尼奥·达马西奥对此做出了评论，详见《笛卡尔的错误——情绪，推理和大脑》。达马西奥在书中阐述了他的"身体标记"理论：我们的身体以编码触发某些感觉的方式标记我们的大脑，这具有非常重大的意义；这些标记反过来又对健全的思考和良好的决策起到了至关重要的作用。达马西奥的结论令人震惊，他认为，在完整意义上，思想不仅仅是大脑活动的产物，也是身体活动的产物。

种信息。如果你和我走在一个公园里，遇到一位身形瘦小的老太太，后者请求我们过去一下，我们可能想都不想就照做了，不会先有意地思考一下，因为丹尼尔·卡尼曼所谓的思考的第一系统（也就是乔纳森·海特所说的“大象”）随时都处于工作状态，会让我们对遇到的情景产生自发的反应，告诉我们回应这位老太太的请求是安全的。我们不会特别考虑这位老太太是不是一个精神病患者，或者来自犯罪团伙。当她请求我们时，我们就走过去了，因为我们的理性思维在思考其他事情，我们相信第一系统可以自觉地进行危险侦察和风险计算。但是，如果是一个神情举止都很怪异，好像一年都没有洗过澡或换过衣服的家伙叫我们过去，那么第一系统就会全面拉响恐惧警报：我们同样不会停下来思考是否要走过去，因为我们已经在潜意识里做出了决定。（在这类情景中，人主要凭感觉行事。）但如果第一系统不能正常运行，如果它没有任何警觉性，特别是如果我们有意识的头脑正在被其他东西占据，那我们可能就会像 SM 一样做了。

思考的第一系统为我们提供了一张完整的认知偏差清单，其中每一项都会对我们清醒大脑的决策力产生影响。这些偏差当然与公正无缘，但在卡尼曼看来，它们提供了有用的“启发式建议”：我们通常可以在它们的指导下行事，不去推翻它们（除非在上述事例中，你的使命是帮助无家可归的人）。在生活中，我们根本离不开这些偏差，在任何一个单一情景下，我们对认知偏差的需求都如此强烈，以至于失去它们后，我们的头脑将无法正常运行。这就是为什么英国散文家威廉·哈兹里特写道："没有偏差和习惯的帮助，我连怎么走出房间都不知道。我不知道在某种情况下应该如何行动，无法感知到生活中的任何人际关系。理智可以做出评判，并在事后纠正某些错误，但如果我们总想在繁复多变的人类事务中做出正式的、毫无差错的决策，世界就会停滞不前。"

所以我们需要偏见，需要在情感上有所倾向，才能减轻认知负荷。我们只希望这些偏见和倾向是正确的，正如一位智者所说，批判性反思的一个重要任务，是辨别有助于我们理解事物的真正偏见和让我们产生误解的错误想法。[1] 思维的第一系统是独立运作的，并没有明确的方向，但我们可以改变和训练它，可以培养新的思维习惯。这就是穆勒谈到适度的情感会对人格塑造起积极作用时想要告诉我们的。学习去正确地感受，对做出正确的思考有很大帮助。

这就是为什么我们一定要向优秀的人而不是糟糕的人学习思考。习惯和一个人交往，就意味着接受他理解世界的方式，这不仅关系到思想，也关系到实践。这些优秀的人会向

1 Hans-Georg Gadamer, *Truth and Method*, 2nd ed., trans. revised by Joel Weinsheimer and Donald G. Marshall (Crossroad, 1992), p. 298.

你展示如何对待那些与他们持有不同意见的人：想想梅根·菲尔普斯－罗珀的故事，想想戴维·阿比波尔是如何回应菲尔普斯－罗珀对他的攻击的，而韦斯特博罗浸信会的人又是怎样回应异议的。菲尔普斯－罗珀不仅改变了自己的想法，她还改变了自己对群体的盲目依从，因为她遵循了人类行为中一些特定的本能和情感。（记得我先前提到过吗？在思考应该加入哪一群体时，我们不应该只考虑成员们持有的观点，也应该考虑自然的情感，而后者也许更重要。）在还没有清醒的认识之前，她就已经做出了改变，那是她在与人接触时，对人性好坏的不自觉回应。如果一个理性的思考模式不包括这种转变，即从一种思想体系到另一种可以引发积极情感的思想体系的转变，那这一模式从根本上讲就是不充分的。[1]

1 卡尼曼和他的长期合作伙伴阿莫斯·特沃斯基区分了“自然人”和“经济人”。经济人是热衷于特定经济理论的纯理性代理人，这种理性是我所反对的狭义的理性。在《思考，快与慢》中，卡尼曼对自己和特沃斯基的研究做出总结，指出经济人很容易理解事物和信念。相反，自然人是真实的，同时也是相当复杂的。然而卡尼曼说，当自然人表现得不像经济人时，却不会被认为是非理性的。“对理性的界定没有严格的一致性，它所要求的对逻辑规则的遵守是有限的心智无法做到的。按照这个界定，理性的人不一定是理智的，但是他们也不应该因此而被称为是非理性的。非理性是个有点言过其实的字眼，它意味着冲动、情绪化以及对合理论证的顽强抵抗。有人认为我和阿莫斯的研究是在证明人类非理性的选择，我对这种看法感到不安，其实我们只是证明了理性模式并不能充分描述出自然人的全部特性。”

或者比不充分更糟。100 多年前，切斯特顿写道：“如果你和一个疯子争论，你很可能会得到最坏的结果。原因在于，他无须对事情做出良好的判断，因此在许多方面能更迅速地思考。他不会受到幽默感、善意，或由经验而生的固执观念的阻碍。因为缺乏某些正常的情感，他的想法好像更合乎逻辑。实际上，从这个角度看，我们常说的‘精神错乱’一词其实是一种误导。疯子不是丧失理智的人，疯子是除了理智之外失去了一切的人。”[1]

1 G. K. Chesterton, *Orthodoxy* (1908), chap. 2.

第4章：文字是聪明人的筹码

过于相信和依赖语言文字的危险性

本章的题目来自17世纪伟大的政治哲学家托马斯·霍布斯。许久以前，他就已在杰作《利维坦》中做出论断："如果没有文字，任何人都不可能变得特别聪明，或者特别愚蠢，除非他因为疾病或器官缺陷而损伤了记忆。因为文字是聪明人的筹码，他们使用且利用它们；但文字也是愚者的财富。"[1]用现在的话说，霍布斯的意思是：读写能力（"文字"）是一项非凡的发明，因为它具备放大已有特性的效力。通过阅读，一个已经拥有一些智慧的人可以变得更聪明；但同理，阅读也可以使一个本来就有些愚笨的人变得更加蠢不可及。

这一点不仅仅局限于书面语言。在梅尔维尔的小说《白色夹克》中，库提寇博士对几个年轻的海军外科医生说："一

1 Hobbes, *Leviathan* (1651), Chapter IV, "Of Man."

个真正拥有科学知识的人，除非真的没人能够理解他的想法了，才会用上几个晦涩难懂的词；而那些对科学只是一知半解的人却认为，只有当别人听不懂他们所说的话时，才能证明他们的学识有多么渊博。”[1]（这里的“科学知识”是指“学科知识”。）人们很容易被文字迷惑，就好像它们确实代表了真正的知识一样——好像它们是真金白银、法定货币，在任何地方都能用，而不是单纯的筹码。

语言文字是相当有诱惑力的，虽然我们通常并没有意识到这一点。它的影响力在年幼的孩子身上可能展现得最为突出，他们对新词着迷，寻找一切可能的机会去使用它们。事实上现如今的成年人也并没有什么不同：我们只是比孩子们更精于此道，擅于掩饰兴奋的心情，假装一个新词本来就是我们词汇储备的一部分。“哦，这句老生常谈？”我们不过是把闪亮的新语句在脑海中反复琢磨，就像一个守财奴在他的口袋里悄悄抚弄着积攒下来的硬币。

由于语言文字在社会交往中所扮演的角色，人们越发倾向于高估它的作用。在本书第 2 章，我们讨论了乔纳森·海特的观点：道德规范会联结人们的思想，也会蒙蔽人们的双眼，而这些道德规范主要就是通过文字来发挥作用的。几十

1 Melville, *White-Jacket* (1850), Chapter LXIII.

年前，极具个性的文学评论家肯尼斯·伯克发表过一篇名为《辞屏》[1]的妙文，表述了这种观点。每当我们使用特定的词汇（政治、美学、道德、宗教或社会学的词汇）来描述一个人、一件事物，或一次事件时，我们会重点描述其中某些地方，但透过语言的屏障，我们也会在无意之中掩藏自己的某些想法，无视或忽视其他方面。伯克认为，我们对是否使用“辞屏”根本没有选择权：“不使用这些词汇，我们就无法表达。”正因如此，我们才需要尽量了解词汇的作用机制，特别是它们如何“引导了关注的风向”——这种表述方式想要让我看到什么？又不想要让我看到什么？而最重要的也许是：谁能从我对这些方面，而不是其他方面的关注中受益呢？[2]

关键词和群体身份

一个人表明自己群体归属的主要方式之一，就是使用关键词。这在政治和社会领域都是不争的事实，在一些社交媒体标

1 “辞屏”是指词语或符号构成的独特“镜头”或“屏幕”。作为观察和理解世界的工具，词语就像镜头一样，难以忠实呈现对象的全部特征，必然会突出一些信息，而掩盖其他特征。——编者注

2 “Terministic Screens” is chapter 3 of part 1 of Kenneth Burke, *Language as Symbolic Form* (University of California Press, 1966).

签中则表现得最为明显（或者说最为极端），例如“RINO”[1]“绿帽保守派”[2]“交叉性”[3]“白人特权”。这些标签通常出现在对其他人推特或帖子的简短回复中。这样的标签有很强的表达效果，让我想起刘易斯·卡罗尔在《爱丽丝镜中奇遇记》里描写的一场对话，它发生在矮胖子和爱丽丝之间：

> “真不可捉摸！这就是我要说的！”
>
> “请告诉我，”爱丽丝说，“那是什么意思？”
>
> “你现在说话像个懂事的孩子了，”矮胖子说，看起来很高兴，“我说‘不可捉摸’，意思是，我们对这个话题已经聊得足够多了，而且也知道你接下来要谈什么，正像我料定

1 RINO：“Republican in Name Only”（名义上的共和党人）的简称，指那些名为共和党人，但言谈举止更为自由，无视党派需求的人。——编者注

2 绿帽保守派：指没有达到另类右翼（all-right, 指极端保守者）思想觉悟的共和党人。它源于 cuckold（被戴绿帽者）一词，白人至上主义者借此来讽刺他们眼中软弱无能的政治群体。——编者注

3 交叉性：一种新兴理论主张，认为社会压迫并不仅仅作用于单一身份范畴（如种族、性别、阶级等），而是在相互联络的等级与权力结构中作用于所有范畴。——编者注

你不想把生命停留在这儿一样。”

“给一个词确定词义真了不起。”爱丽丝若有所思地说。

“造出一个词是要做大量工作的，”矮胖子说，“我常常要付出额外的代价。”[1]

让我们以“绿帽保守派”（cuckservative）一词为例吧，因为它是一个合成词，是矮胖子所说的“两个意思装在一个词里”，它是“被戴绿帽者”（cuckold）和“保守”（conservative）的组合。被戴绿帽子的人，是妻子有外遇却通常对此不知情的丈夫。他是一个典型人物：意志薄弱，在妻子和新欢面前非常被动。因此，“绿帽保守派”代指自称保守派却对自己的信念缺乏足够勇气的人——他们明明已经被自由主义思想主导，再也不能固守和捍卫自己的传统思想了。

这是一个纯粹的贬义词，“RINO”和“白人特权”亦如此，但“交叉性”在更多意义上是一种呼吁和口号，它概括了这样一种争论：如果个体归属于一个以上的弱势或边缘群体（比如一个黑人女同性恋），在某种特定的极端情况下，个体感觉受到压迫或被边缘化，则要归咎于那些社会力量的“彼此

1 From Lewis Carroll, *Through the Looking Glass* (1872), chap. 6.

交叉”。请注意，“交叉性”这个标签，是为了让人们认识到多种社会身份之间的相互强化，不过人们也往往认为，那些同时属于好几个边缘群体的人需要正视这种局面，关注自己身份上的交叉点。

利用某个单一的标签号召人们加入政治团体，或将某个人排斥在政治团体之外，这充分展示了爱丽丝所惊叹的现象：“给一个词确定词义真了不起。”我们也许会说，这是社交媒体，尤其是单条推特的140字上限所引发的无奈现象，但实际上，我们谈话时总是在做这种事——每当我们和志同道合的人、朋友、同事或熟人交谈时，都会用彼此熟知的“行话”交流，并对这些“行话”持有同样的态度。“不过是又一个绿帽保守派”，这可能是人们围坐在一张餐桌旁聊天时所说的，或者是“拜托，老兄，就是交叉性嘛”。

关键词所蕴含的社会哲学是复杂而让人迷惑的，并不像局外人看来那般没头没脑。我想起一个古老的笑话，讲的是一个被送进监狱的人，他发现他的狱友们有一个用数字交流的习惯——“四！”“十七！”——然后放声大笑。当他问起发生了什么事时，隔壁的狱友解释说大家通过讲笑话来打发时间，但他们已经在这里待了那么久，所知道的笑话又很有限，所以他们觉得只需用数字代指那些笑话，在需要时把数字喊出来就可以了。这名新囚犯认可了这种说法，所以在沉默了片刻之后，他喊道："十一！"但是没有一个人笑。他困惑地看向隔壁的狱友，狱友只是耸耸肩："是你讲述的方式不对。"

同样，我们也许会发现，加入某个社会团体的新成员总是会遇到交流障碍：他们已经注意到了团体成员之间的交流方式，也提炼出了一些关键词，但是当他们试着在交流中使用这些关键词时，并没有达到预期的效果。没错，他们是用了一些被团体所认可的词语，可惜却没有用在正确的时间，或者适当的场合。关键词社会学中包含了一个神奇的音乐元素，是一种在团体和谐一致的氛围中培养出来的默契，新来的人很容易错过提示音或不能唱在调上。你往往需要经过一段时间才能融入，而"社交失聪者"则有可能永远都做不到这一点，并因此被永久性地局限在团体外围，或者完全被排除在团体之外。

（关于这一点，还有更惨痛的经历，就是在两个完全不同的群体偶然交叉时使用其中一个团体的重要关键词，我觉得这也是我们所有人都会时不时犯下的可怕社交错误。有一次我跟父亲还有他的一个朋友——两个脾气暴躁的老家伙——在一起坐着，并试着和他们交谈。我决定引用拉什·林堡的一句诙谐玩笑。其实我不大能忍受拉什，但一位喜欢他的保守朋友最近跟我提到了这句玩笑，我觉得还挺有趣的。虽然父亲从不谈论政治，但我猜想他会喜欢拉什的风格。然而在我开口时，马上感受到了一种冷酷的沉默。然后——实际上可能只过了几秒钟，但对我来说有半个小时那么久，我父亲点上一支烟，深吸了一口，吐出烟圈，说道："拉什就是一坨狗屎。"他的朋友回应道："绝对的。"）

使用这样的关键词并没有犯什么本质上的错误——事实上，这样做是有必要的。在任何人与人交流的聚会中，持有一些信仰或立场都是很正常的，我们不能也不需要在每一位听众面前，用根本原则来论证我们所认可的一切。但是关键词有成为寄生虫的危险：它们会占据大脑并取代思想。乔治·奥威尔在其名篇《政治与英语》中，无比生动地描述了这一现象：

> 你看着一个神态疲惫的政客在讲台上机械地重复着听熟了的话——什么"野蛮的暴行""铁蹄""血腥的暴政""全世界自由人民""肩并肩"——你常常会有一种奇怪的感觉：你看到的不是一个活人，而是一个假人。这种感觉有时会突然变得强烈起来，那时灯光反射在演讲者的眼镜片上，使眼镜片成了

> 空白的图片，后面似乎没有眼睛的存在。这并不是纯属幻觉。使用这种词汇的演讲者已在某种程度上把自己变成了一台机器。他的喉部固然仍旧在发出应有的声音，可是他的脑子没有在动。而要是他自己选词造句的话，他就会动动脑子。如果他发表的讲话是他一遍又一遍讲惯了的话，他很可能根本就不知道自己在说些什么，就像我们在教堂里应答或唱圣歌时口中念念有词一样。[1]

奥威尔的结论是 :“这种意识的退化，对于达成政治上的驯服一致性，即使并非不可或缺，也无论如何都是有利的。”而且，有人可能会补充，它也有利于社会和谐。奥威尔称之为“意识的退化”是恰如其分的。再次借用丹尼尔·卡尼曼的说法，这种现象就像是本该由第二系统思考的复杂问题，却被分派给了第一系统，结果这些问题就只能被机械地处理。你有充分的理由怀疑，如果你把这位“神态疲惫的政客”拉

1 "Politics and the English Language," in George Orwell, *Essays* (Everyman's Library, 2002), pp. 962–63. 奥威尔的文章最初发表于 1946 年，正是“二战”结束后政治局面严重动荡不安的年代。

到一家酒吧，给他买杯酒，并试着让他为自己的观点进行辩护，那么除了那些“听熟了的话”，他再也讲不出其他什么东西了。正如霍布斯可能会说的，这些聪明人手中的筹码成了愚者的财富，但如果有人拒绝承认这些货币的价值，愚者就不知道怎么办了。

隐喻的作用

这些关键词总是散发着危险的气息，像寄生虫一样威胁着我们的思考，但是，在最坏的情况中，它们却往往采取了隐喻的形式，让人很难觉察到它们的存在。乔治·莱考夫和马克·约翰逊的著作《我们赖以生存的隐喻》就探讨了这一重大主题。在一个特别重要的段落中，两位作者讨论了我们日常话语中最根深蒂固的一种隐喻，即把争论喻为战争所带来的后果。他们举了几个例子：

> 你的说法是不攻自破的。
> 他攻击了我论述中的每一个薄弱环节。
> 他的批评正中要害。
> 我击败了他，推翻了他的论点。

和他论战，我从来没有赢过。

如果你使用那种战略，他定会把你彻底消灭掉。

他毙掉了我所有的观点。[1]

“争论即战争”的隐喻是如此完整而强大，以至于如果你想就人们对争论的思考方式提出一些替代性的见解（例如争论不过是为了达成相互了解，是为了澄清我们的观点），就十有八九会被指责为一个软弱无力、矫揉造作的娘娘腔。

我们如此坚定地把争论视为战争，部分原因来自人类对一切事物疯狂争夺的本性，不过这也是因为人们的确会在争论中失去一些东西，而最常受到威胁的是社会关系。在一次争论中失败可能是某个人不得不面临的尴尬，但它也可能被视为一个信号，即你和错误的一方站在了一起，你需要寻找一个新的群体或类似的组织，学会以马克思主义者所说的“虚假的意识”来谋求生存。（菲尔普斯－罗珀正是为了回避这一后果而切断了与戴维·阿比波尔的联络，但是，正如我们所看到的，她已经越过了某种社会和认知

1 Lakoff and Johnson, *Metaphors We Live By* (University of Chicago Press, 2003), p. 37.

的界线，无法再回头。）

所以，是的，争论确实可以是战争，或者至少可以是一场可能会输掉的比赛，但故事还有另一面：我们痛惜的不是输掉争论本身，而是在这种军国主义隐喻下被动成为其同谋。在很多情况下，我们都因为战争化的讨论和辩论而在某种程度上丧失了人性；而在攻击对方的过程中，我们也遭受了同样的损失。当人不再是人，只是我们需要铲除观点的代言人时，我们就丧失了移情能力，一心想要打败对方。我们拒绝去了解他人的欲望、原则和恐惧。这是我们在辩论中为了追求所谓的“胜利”付出的巨大代价。

如果我们更仔细地审视“争论即战争”这一隐喻，我们会发现，它其实源于我们内心深处的一种思维习惯——二分法。对这种习惯最绝妙、最准确、最细微的描述，就我所知，来自古生物学家和进化论学者斯蒂芬·杰·古尔德 20 年前一篇讨论“科学论战”的文章——是的，还是“争论即战争”的隐喻。通过这些“论战”，古尔德划分了两类人：“现实主义者”与“相对主义者”，前者“坚信科学知识具有客观性和进阶本质”，后者则认为，科学只不过是一种“社会建构”，因此“只是很多可供选择的信念体系中的一个而已”。[1]

---

1 Stephen Jay Gould, “Deconstructing the ‘Science Wars’by Reconstructing an Old Mold,” *Science* 287 (January 14, 2000): 253–61.

现如今，古尔德所说的“相对主义者”可能会称自己为“社会建构主义者”，因为“相对主义”往往被视为一个贬义词，而“社会建构”则代表着一种现在进行时。（我们正在“建构”！）至于“现实主义者”——嗯，有谁不愿意被这样称呼呢？毕竟它把你归入了现实的一方啊。因此我们可以看到，就像霍布斯所说的那样，人们用来形容自己的词语已经变成了一种货币，一种更彻底地为异己者贴标签的方式。以这种对立的方式来界定人群，已使我们被困在了战争的隐喻中。

“科学论战”就是这样开始的，然而，在古尔德看来，科学诚然是一种根植于文化的实践活动，但同时它也是了解自然世界真相的可靠手段，这似乎是个不争的事实。不过，如果他的结论仅仅止步于此，他展现的就是另外一种拒绝思考的特定模式了，仿佛在叫喊着：“这不是道单选题，而是两者都对！”然后就掸掸手上的灰，心满意足地走出房间。“出于超越了文化特殊性，并根植于人类心灵基本架构的原因，我们构建出描述性的术语，以二分法讲述我们的故事，或在本质不同、逻辑对立的选项之间进行对比。”对于古尔德来说，只有当人们意识到上述现象时，真正的思考才算是开始。也就是说，我们有一种天然的强烈倾向，想要将事物二元对立——虽然我们不必服从这一倾向。古尔德认为，以二分法和战争隐喻的方式进行思考，是“我们在把人类冲突和自然法则的复杂性，解析为由双方斗争所导致的二元对立时，所犯的深刻错误”。一旦你认识到这不仅仅是一个局部现象，只属于某个特定的案例，而是人类典型的思维错误时，那么你就已经为自己设定了一个任务，一个尚未完成的任务。这个任务就是，现在你必须试着揣摩那些并非二元对立的力量是如何相互影响的。

那么，依照古尔德的观点，如果科学实践既是文化建构的过程，也能引导我们获取世界的真相，我们又该如何区分在这些科学实践中，有哪些能够真正帮助我们解决问题，又有哪些会导致我们误入歧途呢？其实，这与我们在第3章中对偏差与偏见的探讨并无不同——如何区分有助于我们理解事物的真正的偏见，和会让我们产生误解的错误的偏见？这是一项异常艰巨的任务，而那些兴高采烈地喊着“两者都对”的人，根本就不知道自己在做什么。

因此，如果人们说，“这两个词的意思是一样的，只是表达方式不同”，或者“我们都相信同一个上帝，只是以不同的方式来表达自己的信仰”，我们应该为他们鼓掌，因为他们在试着超越二元对立，以及“争论即战争”的隐喻。但我们不得不说，这种想法太过天真，现实情况则要复杂得多，并非只需用“统一观点”来取代“对立观点”那么简单。和平的缔造者肯定是值得祝福的，但缔造和平却需要付出长期艰辛的努力，它并非只是一句简单的口号。

与那些积极阳光、相信“我们和谐一致”的乐观主义者对立的，是忧伤阴郁、坚称“我们永不妥协”的悲观主义者。伟大的19世纪作家薛尼·史密斯曾走过伦敦一条狭窄的小巷，看见两个女人在好几层高的楼上，从各自的窗户中探出身子，隔着巷子争吵。“这两个女人永远不可能争出结果，”史密斯说，“她们争论的根本就不是同一件事。”[1]

文学家和法律理论家斯坦利·费希有一个经常被提起的观点：无论何时，我们意见不一致，都是因为我们有完全不同的、不可调和的立场。因此，2016年6月，在接受伦敦《卫报》采访时，费希评论了关于奥兰多枪击事件的两篇即时报道：“在《纽约日报》看来，这场悲剧是美国全国步枪协会的错误，是他们造成了这一切……而《纽约邮报》则认为，该事件是伊斯兰国组织与美国长期斗争中的又一轮较量。”这两种说法截然对立，各自有一套道理撑腰。

费希指出，许多阴谋论者就是这样，守着各自的那套歪理。他们不相信犹太人大屠

1 Quoted in Hesketh Pearson, *The Smith of Smiths* (Hogarth Press, 1934).

杀真的发生了，或者坚信林登·约翰逊[1]才是肯尼迪遇刺事件的幕后黑手。“问题在于，你能用一大堆证据让这些人放弃他们奇怪的想法吗？”费希说，“答案是否定的，因为所有持有某种信念的人，都能从他们深信不疑的信念中找到证据来驳斥你的观点。”[2]

我引用了一段相当长的文字，因为我赞同费希，他的观点很有说服力，不过只限于逻辑层面，而不是哲学意义上的强大。的确，大多数人都不会改变他们的想法，但正如我们在这本书中反复看到的，有些人确实在改变——他们确实在改变“所持有的信念”。这是一件了不起的、鼓舞人心的事。

我们已经讨论了关键词是如何形成了主导性的隐喻（“我们赖以生存的隐喻”）的，以及这些隐喻是如何暗中发挥了强大的威力，在我们通常意识不到的情况下主导着我们

1 林登·约翰逊：美国第36任总统，肯尼迪遇刺时任美国副总统。——编者注

2 “Stanley Fish on the Impossibility of Arguing with Trump Supporters,” July 22, 2016: https://www.theguardian.com/books/2016/jul/22/stanley-fish-donald-trump-winning-arguments-2016-election.

对他人的回应。我们也承认，这些隐喻可以捕捉到我们人类所面临的某些真实境况，但它们不能成为放之四海皆准的唯一标尺，否则就会对我们彼此之间的关系造成伤害。不过，现在是我们做出进一步诊断的时候了。

神话的力量

乔治·莱考夫和马克·约翰逊写了《我们赖以生存的隐喻》，哲学家玛丽·米奇利写了《我们赖以生存的神话》，在我看来它像是前者的姊妹篇，虽然这并非出自作者的本意。米奇利是这样介绍该书主题的：

> 神话不是谎言，也不是孤立的故事。它们是富有想象力的体系，是强有力的符号的联结，是诠释这个世界的特殊方式。它们塑造了自身的意义。例如，机器意象虽然自17世纪起就渗透到了我们的思想中，今天却依然具有强大的影响力。我们仍然常常习惯将自己和周围的事物视为巨大齿轮中的一环——这些事物是我们可以自己创造出来，

> 并不断加工完善的。我们也自信地提出了“基因工程”和“生命基石”这样的说法。[1]

莱考夫和约翰逊认为，我们使用隐喻，却并不自知，而在米奇利看来，我们也常常依靠着神话的力量（而神话实际上就是由隐喻编就的故事）却并不自知。生物有机体其实并没有什么“基石”，同样，人类的大脑也并不是一台计算机，尽管无数计算机科学家、神经科学家和哲学家会这样说。正如心理学家罗伯特·爱泼斯坦最近所言，人类并非天生自带计算机的功能或特性，例如“信息、数据、规则、软件、语料库、象征、算法、程序、模式、图像、处理器、子程序、编码器、解码器、符号，或缓冲区”。[2]

我们所选取的（或者更有可能仅仅是传承下来的）神话，大大减轻了我们的认知负荷，甚至比奥威尔笔下“神态疲惫

1 Midgley, *Myths We Live By* (Routledge, 2004), p. 1.

2 Robert Epstein, “The Empty Brain,” in *Aeon*: https://aeon.co/essays/your-brain-does-not-process-information-and-it-is-not-a-computer. 爱泼斯坦继续写道：“我们不储存文字或指示我们如何使用单词的规则。我们不创建视觉刺激的表征，而只是将它们存储在一个短期记忆缓冲区里，然后将其转移到长时记忆中。我们不会从内存存储器中检索信息、图像或文字。计算机能完成所有这些事情，但生物有机体却不会这样做。”

的政客”所使用的那些空洞词句更能取代我们的思想。我们离不开神话：类比是思维的本质，要理解一件事，我们总会不可避免地将它与我们已经知道的另一件事情关联起来。[当我们把这一过程称为“联想”时——assciation（联想）就来自 social（社会）一词——我们就在进行这样的神话创作。联想——我们把想法看作一个个小团体，可以“联结”起来，发现了吗？] 每一个类比都是有用的，但也正如肯尼斯·伯克提醒我们的那样，它们就像“辞屏”，在将我们的注意力引向某处时，也转移了我们对其他事情的关注。把大脑当作一台计算机，就忽略了大脑的生物特性和内在状态，而且这种隐喻会使得我们相信，我们比实际上更了解自己的大脑。

对我们来说，最危险的隐喻，是那些不再被视为隐喻的隐喻。对许多人来说，大脑和计算机之间的类比就已经达到了这种危险程度——他们认为，大脑不是像电脑，大脑就是电脑。（有人会说：“大脑是一台由血肉制成的电脑。”）这种情况发生时，我们的处境就会变得很糟糕，因为这些隐喻被长期灌输给头脑，我们无法再将注意力转移到那些被忽视的事实上。让我最后举一个令人不安的例子吧。想想看，在近代早期，有一种流行的想法：动物其实是机器人或“机械装置”（这是当时的叫法），“由上帝万无一失的手所驱动”，以履行造物主不可思议的目的。这是 18 世纪一位女士的描述。因此，当你痛打一只动物，它发出尖叫时，它其实并没有感到疼痛——只有人类才会感到疼痛。你的动作不过是激活了一个预先被编程的反应，就像你按下一个按钮，门铃就会响一样。因此，人不必担心自己会虐待动物，你实际上根本就不可能虐待它们。[1]

如果你敏感的心灵还受得了，请认真想想这套理论可能引发的后果。这就是神话的力量。

小结一下：当我们寻找社会归属感时，当我们想要加速赢得志同道合者的心时，我们就开始依赖关键词，然后是隐喻，然后是神话——在每个阶段，我们都会形成根深蒂固的习惯，而这些习惯会抑制我们思考的能力。我们只能希望，有一些策略可以帮助我们抵制这些习惯的力量，并培养出新的更好的习惯。

换句话说

当我们寻求那些新的更好的习惯时，也应该同时容忍自身不可避免的缺点。就像丹尼尔·卡尼曼和他的研究伙伴阿莫斯·特沃斯基提醒我们的那样，如果要求我们严格遵循一种人类无法企及的客观理性的标准，我们就什么事情都做不

1 详见 Keith Thomas, *Man and the Natural World: A History of the Modern Sensibility* (Pantheon, 1983), 特别是第 4 章。

成了。而且，想要掌控网络生活带来的信息大爆炸，我们就需要使用“神话”这台巨大的“语言编程机器”。不过尽管看上去十分宏大，我们的神话机器其实远比它展现的更为脆弱，而我们在无意识中对这一事实的觉察，会引导我们以很不公平的方式去对待他者的神话机器。比如据我所知，一种最常见、最有吸引力的反击方式就是被我称为“换句话说”的策略。

这种现象司空见惯。有人提出一个观点（例如发表了一篇博客文章或者专栏文章），就会有人回应道：“换句话说，你的意思是……”不可避免，只要换一种解读方式，该论点就会成为一个无聊或糟糕的观点了。

诚然，现如今作家可以闪烁其词，去暗示或暗指他们不敢直截了当说出来的事情。我早先提到过奥威尔的文章《政治与英语》，这就是它论述的主题。但通常令人惊讶的是，人们用来概括对方观点的“换句话说”，往往都严重歪曲甚至推翻了原先的观点。[1]

推特上的情况也许更糟，人们总是这样开头：“小结一下大卫·布鲁克斯的说法……”或：“简单来讲，教皇方济

---

1 奥威尔在《政治与英语》中写道：“你只需敞开头脑，让大脑接受现成的短语，就可避免‘无法直抒胸臆’的麻烦。这些现成的短语会为你构建词句和段落，甚至在一定程度上替你思考，而且在需要的时候，它们还会帮你部分隐藏你的想法，而这一点甚至连你自己都没有意识到。”

各说……”或是在任何想要抨击的对象姓名后面打一个冒号，加上荒谬的“还原性叙述”，完全没有提及对方的原话，而是把自己信以为真的理解直接发出去。

这么做就像是在扎出一个稻草人——稻草人就代表着那个无中生有的愚蠢观点，而批驳这个荒谬的观点要比反驳某人的真实想法容易得多，所以稻草人很快就会引火上身。捆扎稻草人其实就是“换句话说”，但也有可能，说这句话的人并不是想重新概括简化他人的论点，而只是想表明这个论点与他对立，提出这个论点的不是自己人。[1]

“换句话说”是一种糟糕的思维习惯，但是任何想要抵制它的人，可能也难免会滑入这种误区。（我需要再次提及，许

1 与“换句话说”密切相关的一种现象，可以被称为“顺水推舟”。如果“换句话说”谴责的并非是你所说的话，而是对方坚信你所持有的真正想法，那么“顺水推舟”就是指，如果你提出观点A，而且观点A没有什么问题，那么对方会通过观点A引申出观点B，再由观点B引申出观点C，一直顺势引申出观点Z。如果你说你反对监禁吸毒者，热情的“顺水推舟者”就会质问你为什么允许新生儿药物成瘾的现象出现，因为毕竟，如果人们不严惩吸毒者，更多的人，包括孕妇，都可能会去吸毒。这种思维误区是如此常见，以至于光是探讨它就可能要占用一整章的篇幅。它甚至让我对“换句话说”阵营产生了好感。因为“顺水推舟”可以成功地让人把注意力从你实际所说的内容转移到与之相距最远的点上。（请允许我此时此刻卖弄一下：我们虽然称它为“顺水推舟”，但它实际上更像是推倒多米诺骨牌，因为每个观点都是彼此分离的。）

多人并不想回避这种习惯,他们想通过“换句话说”来赢得政治、社会或宗教斗争。那么我再说一遍：这本书不适合这些人。)

罗宾·斯隆是《生命之书》这本绝妙小说的作者。他讲到自己有一次参加旧金山恒今基金会发起的辩论会，辩论的形式给他留下了深刻的印象。他说，这种形式“与有线电视新闻中的辩论或选举期间的对决完全不同”：

> 会上有两名辩论者，爱丽丝和鲍勃。爱丽丝登上讲台，发表了自己的观点。鲍伯随后上台发言，但在他做出反驳之前，他必须先对爱丽丝的论点做出令她满意的总结，从而体现对对手的尊重和诚意。只有当爱丽丝认同了鲍伯的解读时，他才可以继续发表自己的观点。然后，当他完成陈述后，爱丽丝也必须对他的发言进行总结，直到他满意为止。[1]

---

1 斯隆的博文名叫《玩家门的钢铁人》。“钢铁人”是一个与“稻草人”对应的称呼，这里斯隆借用了查娜·梅辛杰的说法，梅辛杰将“钢铁人”的行为定义为“能以最佳形式表述他人观点，即使提出这一观点的人并非是他们自己”。

斯隆评论道："第一次看到这样的辩论时，它完全颠覆了我的观念。"这种辩论方式并非恒今基金会独创，利亚·李博莱斯科所属的那种辩论文化也具备与此相同的特点（详见第2章），但斯隆之所以感到如此惊奇，是因为在"争论即战争"的氛围中，这样的辩论模式很罕见。然而，当斯隆开始深层次解读这种辩论模式的含义时，他陷入了极大的困境。遵循这一模式进行写作，对于那些遵循"我们/他者"二元对立和非赢即输模式的人来说，是极度危险的事：

> 这种写作方式是危险的，因为它超越了（单纯的）论证；它需要"体验派表演"和"双系统"，为了使你的论点更有力，你必须先使对手的论点更有力。你需要敏锐的思考和令人信服的语言组织能力，但你也需要具备密切的关注和深切的同理心。还有一点听上去也许有些不切实际：你需要爱。它更像是在包容和体谅，而不是追求专业度。

要做到这一点很难，而且听上去确实不切实际，不过不这样做的话，就很难真正地思考。

让我来对比一下斯隆在辩论会中所看到的情形和我自己的经历吧。我是一名圣公会的基督教徒，而圣公会在过去的15年里已经发展成为一个极易出离愤怒和情绪失常的组织，原因主要与性有关，尤其是同性恋。有一天，我在浏览圣公会的博客时，看到了一篇强烈谴责时任坎特伯雷大主教罗云·威廉斯的文章。那篇文章的作者认为，威廉斯不仅要对圣公会中亲同性恋势头的上升负主要责任，他本人对性的“反《圣经》态度”也要受到谴责，因为他根本不相信《圣经》，没有正统的神学立场，甚至可能根本就不相信上帝。我认为这种说法骇人听闻，就开始为威廉斯的正统宗教信仰进行辩解，尽管我对他性学方面的立场并不全然苟同。很快，我就开始总结陈词，指出作者字里行间充斥着逻辑错误和思维误区，并详细剖析了他因为缺乏勇气和诚心而不能公之于众的真实想法。不过接下来，在我将要大肆攻击对手的立场和人格时，我停下来了。

我之所以停下来，并非是因为我意识到了自己也是“换句话说”阵营中的人，并非是因为我意识到了自己在把辩论当作战争，渴望获取胜利。我之所以停下来，是因为我的双手颤抖得太厉害，以至于根本无法打出正确的字。我已经出离愤怒了。所以我不得不“给它5分钟”，我别无选择。就在这次被迫的暂停中，我开始意识到了自己在做什么，以及我正在成为什么样的人。我根本不具备任何“密切的关注和深切的同理心”，我丝毫没有“包容和体谅”他人的感受。与我争论的人也不具备这些美德，事实很可能就是这样，但这不是我能够控制的。我有自己需要面对和解决的问题。所以，我删掉了自己正在写的评论，关掉电脑，走开了。从那以后，我也再没有评论过圣公会的博文。

体验派表演与双系统

罗宾·斯隆关于辩论会的博文涉及了本章的很多主题，这些主题其实也是本书的主题。现在我想详细解释一下他的两个比喻。

第一个是“体验派表演”：演员试图成为他想要塑造的角色，努力体会那种陌生的情感。然而，在某种程度上，体验派表演会让人发现，角色的情感对演员来说并非全然陌生（或许所有的表演流派都是如此）。我的朋友马克·刘易斯是一位演员和相当有经验的表演教师，他告诉他的学生，要扮演一个非常令人厌弃的角色，在言行上都表现得令人讨厌的关键，就是要意识到在另一种环境中，你可能就是自己所扮演的那个人。同样，作家亚历山大·索尔仁尼琴的人生转折事件发生在狱中，当他看到无情对待他的监狱看守时，他意识到，如果他们彼此的处境发生了互换，他也会残忍地对待狱中的囚犯。索尔仁尼琴就像一个体验派表演者，把自己投射到另一个人的生活中，意识到他们有着比他以为多得多的共同点。

斯隆的第二个比喻是"双系统"，这意味着两个操作系统，比如在一台计算机上同时装有 Windows 和 Linux 系统，你可以使用其中任何一个。一旦你这样做了，并且在两个系统之间不断切换，你就会发现，你能在一个系统中做的大部分工作，也可以在另一个系统中完成，尽管是使用了不同的技术和方式。你不会最终认为两个系统完全一致，但也不会把它们看作是互不相容的。在来回切换一段时间后，你可能会发现其中一个系统在哲学意义或实用意义上优于另外一个，但你也并非对那个你不喜欢的系统一无所知，如果被情势所逼，你也可以忍受它，虽然你并不是特别想要这么做。

我们也应该注意到，"体验派表演"和"双系统"的目的，都是防止思考者立即进入反驳模式。这是"给它 5 分钟"式智慧的另一种体现：你可以立即发言，但你必须先说出别人的想法，不要在其中掺入自己的主张。人们常说，当你学习一门外语的时候，只有当你能用它进行思考——也就是说，能通过这门语言来感知世界（与通过母语所感知到的世界截然不同）的时候，你才算是成功地掌握了这门语言。当你尝试着使用别人的表述方式时，也会发生类似的事情。在你用一套新的表述方式和“辞屏”来描绘世界时，你会发现，曾经习以为常的东西已消失不见，崭新的、完全不同的东西却已突然出现在眼前。

而且，正如人们常说的那样，只有当你开始学习另一种语言时，你才能充分理解母语的内涵和趋向，道德和政治语言亦是如此。以这种更微妙、更不极端的方式来体验世界，来激发同理心，甚至是爱，虽然听起来有些矫情，其实却是在给自己一个思考的机会。只有这样，你才能在思考时逃脱关键词、隐喻和神话的困扰，把它们视为筹码——智者的筹码，而不是金钱——愚者的金钱。

你或许会因此失去一些朋友，但我们会在后面的章节中告诉你，该如何应对这种不愉快。

第 5 章：集群时代

请审视一下我们借以划分人群和立场的标准

在生物学中，分类学是对生物种类的研究——也就是对生物进行分类。我们需要对它们进行分类，这样才能更清楚地进行研究——因为生物的种类太过繁多，如果不对它们进行适当的分类，我们根本无法展开研究工作。然而生物的类别也并不总是那么界限明确。有翅膀的生物都属于同一类吗？两条腿的呢？既有翅膀又长着两条腿的鸟属于什么？我们应该庆幸，自亚里士多德起就有了分类学，他的分类法虽然并不完美，但他对这些问题的理解绝对比大多数人更为系统和客观。

不过，就算人们对什么是最好的分类系统达成了一致（自 18 世纪的博物学家林奈开始，生物学家们对此并无太多异议），这也并不意味着生物分类学的问题就全部得到了解决。比如说，我们很难确定应该把某种生物归入现有的类别，还是创建一个新的门类。查尔斯·达尔文就经常思考这个问题，并在一封信中写到，分类学家总是强烈主张其中一种意见，非此即彼。他称那些喜欢把生物归入现有类别的人为“主合派”，称那些喜欢创造新类别的人为“主分派”。

这类困惑并不仅限于生物学，我们在日常生活中也经常会遇到，因为我们骨子里都是分类学家，几乎每天都在疯了似的归并和拆分。我们往往会根据“启发法”来进行分类——这是一种可以减轻认知负荷的简化策略，也是我在本书中反复提及的：识别自己人和他者，运用关键词，等等。我在上一章中提到的标签（“绿帽保守派”“白人特权”）从根本上讲就是一种快速但粗糙的分类方式：快捷分类法。

总体而言，我们的文化崇尚集群，或许世上所有的文化都是如此。我想原因应该有两个。

首先，分类是精神生活的必要方式，从不太有价值的东西中筛选出有价值的东西，从不太有用的东西中提取出有用的东西，还有，在信息冗余的情况下，我们必须要寻找精简某些信息的理由。想想那些总是面临艰难选择的高校招生人员吧，他们收到的申请信数量太多，根本无法逐一仔细阅读，而其中大部分申请人资质相当。这时候，只需要一个简单的筛选条件，比如在校成绩太差，缺少课外活动，或者申请书中有那么点语法错误，招生人员就可以理直气壮地写下“拒绝”，然后审查下一个申请人。即使那些没有被当即回绝的申请者，可能稍后也会被归入某种类别，让他们感到轻微或极大的不尊重，例如申请者常常会被归类为“候补者”，但即便实情如此，我也不想被冠以这个标签。

有时候，分类并不仅仅是为了判定某个事物（或某个人）的准入资格，而是在为下一步行动做出决策：如何分配和投入有限的资源。比如在医院里，一个新生儿看起来可能有些异常，于是他的医疗档案中就会被写上“长相古怪的孩子”（FLK，Funny- Looking Kid）；一位上了年纪的女士脉搏渐弱，则会被标为“生命垂危”（CTD，Circling the Drain）；无药可救的病人需要“出院”或“转入临终关怀区”。医院工作人员做出的这些决断看似冷酷无情，却是无奈之举。因为时间有限，医生和护士根本无法停下来充分考虑每个人的全部情感需求，否则就将不堪重负。对利害关系的充分认知是有价值的，当然是有价值的，医生和护士也都清楚这一点，但是他们不得不抑制这种需求和愿望，因为在现实情况下他们往往无法满足这种愿望。事实上，过分追求这一点会让他们无力完成自己必须要做的工作。

我们一直在使用这种简化方式，我们只是不喜欢将其用于自身，不愿意用一个缩略词来概括我们的生活，也不想用一个简单而无情的笑话来诠释我们的死亡。在这方面我们很可笑。我们不喜欢看到自己独特的地方或自我被忽视，或是不得不做出妥协。我想起小时候的一次小型足球赛，我的一个朋友嘴唇破了。他用手指把嘴唇上的血抹掉，嘟哝着说“血”，然后，他好像意识到了什么，马上补充道：“是我的血！”

集群和团结

集群是信息管理的强有力方式，也是我们为了做出选择不得不付出的代价，即抹杀个性。不过，集群作为一种容纳策略，也是可取的，虽然这出于和上述不同甚至几乎截然相反的原因。举个例子，在过去半个世纪里，美国的同性恋维权运动日渐兴起。人们一开始谈论的是女同性恋者（lesbian women）和男同性恋者（gay men）的权益，然后有人提出：“双性恋者（bisexuals）怎么办？”又有人提醒道：“你没有考虑变性人（transgendered）。”之后还有人说：“可我们中的另一些人希望被称为‘酷儿’（queer）。”于是一个由首字母组成的缩略词出现了：LGBTQ。

当然，这事还没完。为了将那些称自己为“双性”（intersex）和“无性”（asexual）的人纳入进来，“LGBTQIA”的提法获得了强力支持，其他增补方案也被陆续提出。不过请注意，使用这些缩略词不是为了把某些群体隔离或排除在外，而是为了让某些人群团结起来，为共同的事业而奋斗。“LGBTQIA

群体”的提出，蕴含着这样的想法：我们这些人在很多方面并不相同，但有一个最大的共同点——我们的性取向在主流文化中不被尊重，或正在遭受着不公平的待遇。

但是，不管因团结而生的集群何时以及在何种背景下出现，最后形成的组织往往都是脆弱的，总是存在着分崩离析的危险。一些女权主义者说，变性的女人对真正的女性特质一无所知，因为她们享受了男性的特权，除非她们决定另做尝试；而在那些主动公开身份的“酷儿”看来，双性恋者可以随时回归“正常”。除此之外，人们可能还会质疑，这样的分类方式是否只关注到了性取向：黑人女同性恋者可能会注意到（她们也确实已经注意到了），性取向所带来的团结并不能消除种族差异的存在。

政治和社会保守派倾向于取笑这种事情——“哈哈，革命正在吞噬自身”，但其实他们自己栖身的组织也同样脆弱，正如总统候选人唐纳德·特朗普[1]所揭示的那样。所有的社会集群都无非是各种力量的巩固和瓦解，集权和分权。与生物学上的分类不同，政治和社会群体的出现都是暂时的、偶发的，而且通常都是由反对派最早提出的。那些受同种力量和权力压制的人，发现他们被归为一类时，往往自己也会感

1 作者写就这本书时，特朗普还是美国总统候选人。——译者注

到惊讶和不安，例如同性恋者和纳粹时期的犹太人。聚集于LGBTQIA旗帜下的不同群体——每位成员都对应着组织名称中的一两个字母，主要是为了对抗他们所谓的“异性恋正统主义”。但是，当异性恋者不再执着于此时会怎样呢？最近几年，这个问题已经有了答案：一些人开始质疑LGBTQIA联盟存在的必要性。用首字母组成的缩略词来代指一个群体，或者以性取向为标准来划分人群的做法，都受到了质疑。

乔治·奥威尔伟大的社会寓言《动物农场》以描写动物反抗人类统治的叛乱而闻名。“动物们团结一心”是至高无上的法则，也是它们的执政理念。它们将动物和人类归为完全不同的两大类，动物们组成联盟，从而获得了自由。因此它们明确宣言：“所有动物都是平等的。”但渐渐地，当猪成为联盟的领导者后，宣言被修改为：“所有动物都是平等的，但有些动物比其他动物更平等。”到了最后，当猪与人类进行谈判，要联合统治农场时，农场的其他动物“看看猪，再看看人，已经很难再分得清楚”。原来在动物农场，区分的不是人类与动物，而是有权者和无权者。

谁对谁做了什么

奥威尔的《动物农场》影射了列宁，但后者至少提出了一个重要的问题：Kto kovo？谁对谁做了什么？这个问题具有普遍的意义：我们可以在任何特定的情况下，质疑是谁控制了谁，是谁统治了谁，是谁从社会阶层分化中受益，又是谁成了这种制度的牺牲品？

从这个角度审视，我们会发现，社会分类法诞生的过程就是前一章中描述的一种编造神话的模式。正如我们离不开隐喻和神话，我们也离不开社会分类。这世界上的人太多了！但我们一定要记住，这些分类仅仅是暂时的智识结构，其关联性并非一成不变。

当然，有些人就是靠这样的分类来掌控自己整个人生的，对他们，我们需要给予特殊的评价。以约翰·卡德威尔·卡尔霍恩为例，耶鲁大学以他的名字命名了一个学院。明明是爱德华·哈克尼斯给耶鲁的住宿学院捐了钱，为什么学校却决定以卡尔霍恩，一个奴隶制的强力捍卫者，为其中一个学院命名呢？事情可能并不像表面上看起来那么简单。卡尔霍恩是耶鲁大学毕业生，后来成了著名而颇具影响力的参议员和美国副总统。耶鲁可能也没有几个比他更知名的毕业生了。

1933 年卡尔霍恩学院成立，几十年之后，卡尔霍恩被公认为一个伟大的美国人。事实上，在 1957 年，一个由年轻的参议员约翰·F. 肯尼迪所监管的委员会，就已将卡尔霍恩评定为美国历史上最伟大的五位参议员之一了。因此，即使在布朗案之后和民权运动开始之际，在美国政府要员中，也很少有人会认为卡尔霍恩之前对奴隶制的支持有什么问题，那并不会影响他身为最伟大参议员之一的尊荣。也许他们会想：那时候人们都很无知，支持奴隶制也情有可原。

但在这里，我认为我们有必要区分两种人。一种是持有我们现如今认为是错误观点的人，或者仅仅因为它是那个时代的主流观点而做出妥协的人。他们和那种主张并倡导这些观点的人是完全不同的。整个社会已经渐渐原谅了纳粹党成员，但那些曾经以阿道夫·希特勒命名的地方最后还是改了名字。

同样的，对于那些想要以时代和地域为借口为玛格丽特·桑格对优生学的支持进行辩护的人，我会说：桑格并非如一些人所声称的那样，仅仅是赞同优生；她是美国当时最富有热情、最广受尊崇的优生学拥护者。正是对这一令人反感的观点连续不断、坚持不懈和异常成功的推崇，使得桑格不能仅仅算是个“赞同优生”的人。

如果我们把同样的逻辑用到约翰·卡德威尔·卡尔霍恩身上，他的名声可能也会受到很大影响。卡尔霍恩不仅仅是承认奴隶制，他还是那个时代最富激情、最具有影响力的奴隶制倡导者。他认为奴隶制具有“积极的意义”，反对“废除黑人奴隶制的邪恶想法”，并称那些认为奴隶制有罪的人为“社会狂热分子”，在对“无知、弱势、年轻而冲动”的黑人做着阴险的“勾当”。

简单来讲，卡尔霍恩一生致力于维护并在政治上实施社会阶层分类，以彻底把自由而优越的白人与受奴役的卑下的黑人分隔开来。玛格丽特·桑格同样利用二元对立，划分出了值得出生的人和不值得出生的人。卡尔霍恩和桑格不仅是持有我们大多数人如今深恶痛绝的观点，他们就是那些观点的发起者。他们在公共活动中致力于推行与强化社会分类，并推崇这些分类之下隐含的恶毒神话。

在调查过去和现在塑造社会结构的集群现象时，我相信，我们应该宽恕那些仅仅是延续和承认了当时主流分类的人。但是，我们不应该对卡尔霍恩和桑格这类人过于仁慈，因为他们使用高压手段强迫人们执行他们的社会分类，将其纳入法律条令，成为永久有效的规则。这类人极其危险。我们必须对强力集群的现象保持警惕，以维护公众社会的健康发展。集群有助于我们应对过度冗余的信息，形成群体内部的团结，但我们一定要意识到集群对我们，对我们所有人的诱惑，并对此时刻保持警醒。

割裂的意义

所以，请允许我在本章结束时赞美一下“主合派”，对无论身处何时何地，在需要时都能有原则、有节制地拒绝极端社会分类的人表示赞美。再次重申，这并不是说我们不需要社会分类，而是说我们需要培养即时的质疑精神。虽然群体团结对我们几乎所有人来说都具有某种意义上的重要性，是“内环”和“真正的成员资格”在某种程度上得以维系的基础，但正如多萝西·塞耶斯所说：“让每个人都很反感的是，你在任何时候都必须是某个团体或组织的成员，而不是一个独立的个体。”请注意其中的关键词：“必须……是某个团体或组织的成员”。成为某个团体或组织的成员，有时是有帮助的，往往也是必要的，但如果事事如此，时时如此，就让人无法忍受了。

塞耶斯的上述言论来自一篇精彩而令人愉悦的文章《女人是人吗？》。文中，塞耶斯还写道：

> 当女性教育权利的倡导者要求女人进入大学接受教育时，马上就会有人跳出来说：“女人为什么要了解亚里士多德呢？”当然，并不是说所有女人都会因为读了亚里士多德而变得更优秀……但这个问题的答案很简单：“女性群体想要了解什么与这件事并没

有太大关系。我，我个人，就是想知道亚里士多德的事。的确，大多数女人都不关心他，就连很多男大学生一想到他也会脸色发白，但我是个古怪的人，我就是想了解亚里士多德，我认为我的外貌和身体机能中没有任何东西能阻止我对他的了解。”[1]

这样的呐喊中藏着一种让人愉快的自私，一种对“古怪之人”的赞美——她们不在乎自己所在社会阶层的人应该做些什么。但如果让我说，我认为这样的呐喊还隐含着让人愉悦的普世主义和人道主义。罗马诗人泰伦斯说过一句曾经很有名的话：“Homo sum, humani nihil a me alienum puto.”意思是:“我是人,人性所在,我无例外。”我觉得这句话正中要害。泰伦斯并不是说自己具备人类所有的特质,不是说没有种族、阶级、性取向或宗教信仰之分，不是说自己一眼就能看透所有人；与其说“人性所在，我无例外”，倒不如说是对于人性他多少总能理解一些。

很多年前,我整个夏天都在尼日利亚给牧师教授修辞学。

---

1 Dorothy L. Sayers, *Are Women Human*? new ed. (Eerdmans, 2005), pp. 26–27.

神学院建在一个村庄里，位于约鲁巴地区的中心地带。神学院里有很多牧师都是约鲁巴人，但也有一些人是来自尼日利亚北部的豪萨族人和东南部的伊博人。对我来说，与他们一起生活、工作和思考，这段经历既令人兴奋，又令人迷茫。我觉得我们有时能互相了解，有时却完全无法沟通。有一天一个叫蒂莫西的学生对他最近面临的挑战热情地喋喋不休时，这种沟通的无力感尤其强烈。事情是这样的，蒂莫西的教众中有一个女人，生下了一个被恶魔附身的婴儿。[1] 显然，蒂莫西想让我评价他对这一状况的处理方式，但我完全不知道该说些什么。作为一名牧师，怎样应对一个被恶魔附身的婴儿出生才算恰当，这完全超出了我的能力和知识范围。

那天，我离开教室，不停地思考着这件事，我认为自己只是不知道怎样弥合美洲和非洲基督教徒之间有时显露出的巨大差异罢了。可是，我还是感到很不安。晚饭后夜幕降临，空气开始变凉，我穿过神学院，在村子里散步。回来的时候，我看到两个学生手拉手走着——在尼日利亚，朋友之间经常会这样做。当我经过时，其中一个学生显然注意到了我的表情，说："教授，请不要过于担心蒂莫西。他只是有些激动。"

1　在尼日利亚，许多教堂都认同恶魔附身的现象。如果一个婴儿的行为表现非常怪异，可能会被认为是恶魔附身，需要驱魔。——译者注他想了一下，接着说："他是伊博人，你知道的。"他的朋友听到这句话，微笑起来，说："这并非因为他是伊博人。他那么激动，只因为他是蒂莫西。"就在那一刻，我突然意识到，我太习惯于集群式思维了，"美洲基督教徒"与"非洲基督教徒"的二元对立模式完全误导了我。

泰伦斯的名言值得被任何思考者视为座右铭。我们划分社会阶层是有用的，但如果我们对此顾虑太多，如果我们利用阶层对人做出严格的分类，如果我们把阶层看作阻碍人们相互理解的，牢不可破和永远不变的障碍，我们就大错特错了。在我们如今所处的时代，人们是如此热衷于集群和划分阶层，我觉得我们可能会罔顾上述危险，忽略泰伦斯的箴言警句背后蕴藏的多种可能性。让十亿个"古怪之人"自由表达自己的观点吧，包括蒂莫西。

第6章：开放与封闭

你为什么不能保持开放的心态，而为什么即使保持了这样的心态也并非好事

关于伟大的经济学家约翰·梅纳德·凯恩斯，有一个流传甚广的段子经常被人提及：有一次，有人指责凯恩斯在一些政策问题上的失败，他尖刻地回答说："当情况发生变化时，先生，我就改变主意了，而你又做了什么呢？"这个故事听起来不像是真的，哎呀，没有人知道它是从哪里来的，但这是个很好的故事，不引用一下就太可惜了。它被人引用的方式和理由总是相同的：谴责光说不做的理论家，赞扬开放的心态。

思想开放，心之向往；思想闭塞，避之不及。这种比照在日常生活中根深蒂固，几乎无可避免，但它确实应该被避免。这样的比照既荒谬愚蠢又误人至深。

关键在于，我们当然并非真的想拥有，或想让任何人保持永久和普遍的开放心态。没有人想听到这样的言论："虽

然社会上普遍反对绑架行为，但我们还是应该对这个问题保持开放的态度。”没有人会提倡穷人停下工作，花几个月来思考扶贫是否真的是一个好主意。关于一些事情（关于许多事情！），我们认为人们不应该敞开胸怀，而是必须坚定信念。如果一直纠缠于某些问题，我们将永远不能在知识或社会层面上取得进展。切斯特顿是小说家 H. G. 威尔斯的好友，但他几乎不认同后者的任何观点。他在提到威尔斯时说："他认为开放思想的目的就是开放思想。”而切斯特顿“坚定地认为，开放思想的目的，就如同张开嘴巴的目的，是为了再次咬住某些坚固的东西”。[1] 我喜欢切斯特顿的隐喻，他的意思是，头脑中保有坚定的信念，思想才能得到真正的滋养。

当然可悲的是，我们每个人都有一些本该坚信不疑却未能坚持的观念，同时又有一些本应质疑却恰恰无比坚定的想法。要理解这一问题，并着手解决它，我们需要借鉴参考亚里士多德对善良与邪恶的解读：德行就在两种邪恶之间——一端是过度，一端是不及。我们不想，也不希望别人是倔强

1 *The Autobiography of G. K. Chesterton* (1936), chap. 10, “Friendship and Foolery.”(原文中的“shut it again on something solid”有双重含义，除了“咬住某些坚固的东西”，也指“抗拒某些根深蒂固的思想”。——编者注）

固执的，但同样不希望他们谨小慎微、优柔寡断。洛杉矶道奇队的前教练汤米·拉索达经常说，管理球员就像手中抓着一只鸟，抓得太紧，你会弄伤它，而抓得太松，它就会逃脱飞走了。要在思考中保持一个恰当的立场亦是如此，要在极度严格和犹豫软弱之间，保持适当的坚定信念。我们不想因为优柔寡断或漠不关心而失去思考能力，应该像故事中的凯恩斯一样，同时保持思维的灵活度和坚定性，根据事实情况的变化来适度调整我们的观点。[1]

上述问题已经很难处理了，但实际情况往往会更加复杂：我们要对自己的知识水平进行可靠的评估，这样才可以在必要的时候保持中立，直到我们对事态有了更深入的了解。我们要认同一点：智识也许是模拟的，决策却通常是数字[2]的，是二进制的。我可能部分或绝对相信，某一位政治候选人会比他的竞争对手做得更好，但是当我走进投票站时，我不可能将 70% 的票投给候选人 A，将 30% 的票投给

1 关于坚定严格和松弛软弱的描述，我借用了罗伯特·C. 和 W. 杰伊·伍德在《智力的美德》中的说法。其中第 7 章《坚定》是迄今为止我所读到的对这类问题最好的诠释。

2 此处的“模拟”（analog）和“数字”（digital）是电子信号领域中两个对立的概念。模拟信号在时间上和幅值上是连续的，数字信号的幅值却只能取有限个值。这里是想说实际决策比获得智识更复杂，无法具体量化。——编者注

候选人 B。（不过如果可以这样做，选举的结果可能会很有趣。）仅仅从这两点我们就会发现，尼尔·德格拉塞·泰森对“理性国”的想象是多么幼稚。“所有政策的制定都应该有充分的依据”，这固然很好，只不过有时候证据是不充分或互相矛盾的，尤其是当我们试图对今日的行动进行未来后果的预测时，但政策却必须要制定。在实验室里，你可以也应该遵循双盲测试的最佳方案，直到获得充足的证据，经过认真评估之后再公布研究结果，但是在人类生活的许多领域，包括政治领域，这么做是不可能的。我们只能尽力得过且过，也必须诚实地面对这种状况，不能假装自己获得了比事实本身更确凿的证据。正如我之前所说的，思考是件困难的事情。

美德、恶习与沉没成本

如果我们需要依照亚里士多德的说法，在“立场坚定”和“立场松动”这两个极端之间游移，我们就需要事先判断自己更倾向于哪一端。我想，对我们大多数人来说，“立场坚定”的诱惑力可能会更大一些，这主要是因为我们不得不经常应对字里行间囊括的海量信息。当你处理狂轰滥炸的信息时，你本能的反应可能是保持警惕。你不想轻易改变自己的想法，你想要绝对维护自己的立场。你不想陷入迷惘——《圣经》中，圣保罗对此使用了一个与气体相关的隐喻："被一切异教之风摇动。"

以这种方式站稳和维护立场是自然而然的，可能也是不可避免的，但这有可能会导致错误。你顽固不化，不肯承认情况已经发生了变化；你执迷不悟，认为自己是绝对正确且不容置疑的。你花费了大量的时间和精力来提出自己的观点，保护它，使它免受攻击。对你来说，如果现在要做出改变，就好像在承认自己所有的工作都是毫无意义的。

这样的比喻我已经提过了许多次，如今为使观点更加有力，我要打一个新比方。经济学家把沉没成本视为特定项目中无法收回的投入，一些人指出，沉没成本对决策有着超乎想象的影响。人们对某个项目的投入越多，就越不愿意放弃它，无论存在多么有力的证据表明这个项目注定会失败。那些下注很大的扑克牌玩家不愿收回或放弃自己的赌注，即使从数学上看，坚持下去很有可能会导致更多的损失。股市上的投机者总是不愿面对他们最有价值的股票就要猛跌的事实，不愿在亏损时卖掉它们。这些人总是执着于沉没成本，执着于无法挽回的损失，而不是当前可以做出的最好决策。这种执着的态度导致他们时刻紧盯沉没成本，学者们管这叫

“承诺升级”[1]。

不过需要注意的一点是：那些没有学会控制自己的本能，对沉没成本太过计较的扑克牌玩家和股民最后都破产了。他们的金钱一去不返，不能再打牌或买股票了。相比之下，那些由于智识上的沉没成本而失去理智、执迷不悟，以至于完全失去了思考能力的普通人，虽然一心要往南墙上撞，却因为惯性和社会结构，不必为自己的错误付出全部代价。

1954 年，三位社会心理学家——利昂 · 费斯汀格，亨利 · 瑞肯和斯坦利 · 沙赫特在报纸上读到，有一个宗教崇拜组织的领袖，一个叫作玛丽安 · 科琪（真名为多萝西 · 马丁）的女人，预言世界末日即将来临。科琪声称，她从一个名叫克拉里翁的遥远星球收到信息，世界将在 1954 年 12 月 21 日被一场大洪水摧毁。（她通过一种类似“扶乩”的方式收到了这些信息：她感到手臂刺痛，有写作的冲动，但当她下笔时，字句和笔迹都不是她自己的。克拉里翁星球的居民选择以这种方式发出世界即将毁灭的警告。）会有一个飞碟从克拉里翁星球飞抵地球，拯救那些听从这一警告并加入科琪组织的人。

1 承诺升级：管理心理学中的概念，常发生在人们认为要对自己的失败负责时。为了证明最初的决策是正确的，人们会继续投入大量资源，执行注定会失败的决策。——编者注费斯汀格、瑞肯和沙赫特装作对科琪的言论深信不疑，以成功加入这个组织，进行观察和研究。他们做了双重假设：第一，事情很简单，科琪是个骗子；第二，更有趣的现象可能是，当科琪的预言落空时，她的追随者并不会放弃她，反而会更加忠于他们的事业。

不管科琪对相关的心理学知识是否有着清楚的认识，她操纵这个组织的方式，都保证了成员对她本身以及她所传达信息的忠诚度。她尽可能让组织处于地下状态，任何无法表现出绝对忠诚和信仰的人，都无法接近和进入组织。当“毁灭日”越来越近时，她对追随者的要求也越来越多。比如，为了让外星拯救者顺利抵达，成员们必须丢弃所有金属物品，一些女性成员甚至把胸罩上的钢托也丢掉了。

当承诺抵达的拯救者没有现身，预言中的大洪水也没有到来时，成员们备感震惊，但科琪随后又一次产生了“书写欲望”。这次来自克拉里翁星球的信息让成员们十分欣慰——洪水确实有，但并不是毁灭性的，而是拯救性的。“从地球诞生之初从来没有这样一种光明向善的力量，在这个房间里漫流，最终覆盖了整个地球。”因为组织成员的忠诚，人们才幸免于难。得到幸免的不仅仅是组织的信徒，而是全世界的人！从克拉里翁星球传来的信息还表示，组织成员现在有责任打破隐私和保密的习惯，尽己所能与大家分享这个“送给地球人的圣诞喜讯”。（对此只能感叹：上帝保佑我们每一个人！）

在过去的几个月里，成员们（一个“内环”）所做的每件事，都是在持续增加对克拉里翁星球启示的“投入”。他们抛弃了家庭、工作和社会地位。对他们来说，整个世界都是文化对立者。正如费斯汀格、瑞肯和沙赫特所预言的那样，成员们不可能质疑自己为此付出的决心和努力，他们对此坚信不疑。沉没成本如此巨大，他们对再度思考充满了恐惧。

泡沫和信徒

费斯汀格、瑞肯和沙赫特在《当预言失败》一书中记述了他们的经历[1]，此书堪称社会心理学史上的里程碑，虽然三位作者并不是首次研究这些问题的人。对人们在集群中建立强联结这一现象的首次重要探讨，或许见于查尔斯·麦基的《常见流行妄想和群体癫狂大全》，该书于 1841 年出版面世。麦基以新闻记录者般的热情，探讨了各种各样的集体妄想和癫狂现象，包括宗教的、政治的、经济的，还有一些分

1 Festinger, Riecken, and Schachter, *When Prophecy Fails: A Social and Psychological Study of a Modern Group That Predicted the Destruction of the World* (University of Minnesota Press, 1956).

类不太明确的（比如 17 世纪的郁金香热）。他提到的一个经典案例就是“南海泡沫”。南海公司创立于 1711 年，主要致力于英国与南半球的贸易。在公司成立后的几年里，大不列颠王国各个地方的人，不管社会地位高低，经济状况好坏，都深信购买该公司的股票就可以确保自己一生衣食无忧。他们认为南海地区（即南美洲）的国家能够生产无限量的财富，获取这些财富的计划也是万无一失的。所以，股票的价值一直在上升，上升，上升……直到 1720 年泡沫破灭，数以千计的人破产，整个国家经济损失惨重，以至于经过数年才得以恢复。

麦基的书读者众多，极具影响力。著名的金融家伯纳德·巴鲁克在自传中声称，他在这本书的帮助下成功预测了 1929 年的股市大崩盘，并及时卖掉了手中的许多股票。但这个故事的尾声颇具启发意义。后期再版时，麦基在书中添加了一个有趣的脚注：

> 一直到 1845 年之前，南海项目都是英国历史上体现人类痴迷于投机的最佳案例。这本书的第一版出版于铁路热潮爆发之前。

19 世纪 40 年代，英国的铁路公司如雨后春笋般大量涌现，吸引了越来越多的资金投入。然而，随着越来越多的铁路公司开始倒闭，英国政府开始对投机行为进行控制，导致了大崩盘。（不过，大多数学者认为，如果没有政府干预的话，这次经济崩溃的程度可能不会那么严重。）政府在 1845 年底开始实施干预措施，但在此数周前，就在当年 10 月，格拉斯哥出版社的一位作者满怀信心地坚称："根本没有任何理由担心经济崩盘。"这位作者的名字正是查尔斯·麦基。医生，请先治愈你自己！[1]

我们中的大多数人，都不会因为贸然投资一只股票而使基本生活受到危及；我也相信，更加不会有很多人放弃工作和家庭，只是希望借助仁慈的星际游客之手，让自己逃离这个注定要毁灭的世界。但是，我们所有人——甚至包括麦基这种专门研究人类错误行为的职业思考者，都很容易受到智识上沉没成本的过度影响。为了进一步探讨这个话题，让我们再度回顾前文中埃里克·霍弗的著作吧，这样我们才能逐步回归正常和理智。

1　数学家安德鲁·奥德里兹科就此事写了一篇文章：《查尔斯·麦基自身的常见流行妄想与铁路热潮》。此文可见于作者在明尼苏达大学的网页：http://www.dtc.umn.edu/~odlyzko/doc/mania04.pdf。我必须坦率地承认，万能的维基百科帮了我的大忙，我是在介绍麦基著作的维基网页上看到有关奥德里兹科文章的信息的。

霍弗重点关注并思考了多年的问题，是大规模社会运动的强大力量。在20世纪40年代它有两个最为突出的例子，一是德国、意大利和日本的法西斯主义（形式完全不同），二是在苏联逐步壮大起来的共产主义。霍弗对它们以及历史上同等规模的社会运动（主要是宗教启蒙运动）研究越多，就越相信这些社会运动在结构上是基本相同的。对霍弗来说，无论大型社会运动源于怎样特定的文化和政治背景，它们从根本上讲都是一种心理学现象。他为自己探讨这一心理学现象的著作取名为《狂热分子》。

从书名来看，霍弗所讲的东西，似乎与玛丽安·科琪的追随者们经受的妄想很相似，只不过它不像后者那么戏剧化。它或许也不如“南海泡沫”一类的事件那么情节曲折，南海泡沫事件中的大多数投资者都认为他们会成为少数的幸运儿，会发财致富(“我们这幸福的极少数”)，而他们的邻居则会陷入贫困或生活在水深火热之中。

相对而言，霍弗著作标题中的“狂热分子”并非少数。这些人致力于把整个组织（例如教会、国家，甚至整个世界）用一种叙事模式，一种信念的力量，一个充满魅力的领袖的权威聚合在一起。这种狂热对“内环”不感兴趣，它的活动是向外扩张的，而非内化。这种疯狂信任的力量源于这个组织与更大的文化背景的交融，而非脱离。可以说，狂热分子与世界上其他人一样都有自己的目标，只不过他们对于实现这些目标的手段，有着不同寻常的坚定和具体的想法。这也许就是为什么狂热分子不会隐藏他们的想法。他们的一切言行都是公开的，会在公共场所宣扬自己的主张——除非敌对政府阻止他们这样做，比如苏联时期的基督教徒，或美国红色恐慌时期的共产党人，就面临着这样的境况。

这些人在什么意义上是“狂热”的呢？我们会发现，狂热分子会借助无比强大的决心和智谋，坚决避免考虑用任何其他选择来替代自己所偏好的观点。要想对狂热主义做出有效的界定，这一点是不可或缺的——“无论发生了什么，都是在证明我的观点”。也就是说，狂热分子的信念是不可证伪的。他们的信念体系囊括一切。事实上，狂热分子维护这个体系的沉没成本越高，他们的态度就越坚决，也越能够见招拆招。狂热分子就像卡夫卡寓言小说中的祭司：“豹子闯进教堂，把祭品的血喝得干干净净；这事一再发生，最后，人们终于能够算准时间，甚至把这当作仪式的一部分。”[1]

在这里我们必须非常小心，不要横扫一大片无辜的群众。

1 科学哲学家卡尔·波普尔最先强调了证伪科学的重要性，请重点参照其著作《猜想与反驳：科学知识的增长》第一章的内容。

尽管“理性国”的支持者可能会告诉你，我们都会对某些信念持有热烈的忠诚，虽然我们并不能为之提供什么广受公众认可的、有说服力的证据（就像我相信妻子是真的爱我，但我不能掏出她的心，看看她是否真的这么想），而且正如我们所看到的那样，如果不够坚定，立场就有可能会轻易动摇，但总体来说，在大多数问题上，我们可以公平地讲，如果你不能预想到那些可能会改变你想法的情境，你就很有可能会成为沉没成本的牺牲品。只要你对自己投入如此之深的信念体系和社会团体进行足够认真的思考，你就会对自己有真实的（如果不是完整的）了解。

还记得我在第1章里讲到的梅甘·菲尔普斯-罗珀的故事吧？我最喜欢她的一点是，当她无法再认同某种环境中的核心信念时，她不会因为考虑到沉没成本而固执地坚持下去。为什么她没有像大多数人一样沦为“承诺升级”的牺牲品呢？

我觉得，这主要是因为社交媒体给她提供了一个离开“隔音室”的机会。正如我前面提到的，你可以在推特上表述自己的观点，但其他人也可以做出回应。而每一个邪教组织，每一个封闭的社会群体，都在试图控制外来信息，以防止成员因为——嗯，思考，而无法专注于组织的信念和任务。大多数人之所以热衷于使用社交媒体，是因为他们想借此坚守自己的立场（这是我之前说过的“战争隐喻”），维护自己的观点。他们想通过淘汰不和谐的声音，摒弃不一致的观点，来实现自我约束和自我控制。只不过，因为所有的主流社交媒体都有着强大的服务功能，拥有非常多的用户，所以人们在试图控制外来信息侵入时，会发现有无数人能够清楚地了解到他们的一举一动。还是以菲尔普斯－罗珀为例，她不过是打算向那些不太了解韦斯特博罗浸信会的人分享自己的观点，却把自己暴露在了与她截然对立的人群之中。[1]

我在第 2 章中写到，我们有必要区分“内环”和你可以真正成为其中一员的社会团体，现在让我们回顾一下。通过考察你所处社会环境对外来观点的态度，你就可以判断这种环境是否有益于思考。如果你引用了一些未受认可的言论，或是浏览了一个“错误”的网站，就有人不屑一顾地说：“我真不敢相信你在读那些垃圾。”那总的来说，这不是什么好兆头。即使你读的是希特勒的自传，也不该受到这样的攻击，再说我们确实也有很多正当的理由读《我的奋斗》。出于保证思想纯洁性的需要，狂热分子不仅仅关注自身，也会一直关

---

1 关于我们的社会媒体是如何发挥“隔音室”作用的，还有很大的探讨空间。沃尔特·库车齐奥奇、安东尼奥·斯卡拉和凯斯·R. 桑斯坦最近在《脸书上的隔音室》一文中，对这一现象做出了强有力的论证，说明这个问题是真实存在的，也是很让人伤脑筋的。

注组织内其他成员的思想动态。但正如耶稣所言，入口的不能污秽人，出口的乃能污秽人，瑞士博学家利希滕贝格在几个世纪前就发出警告："一本书就像一面镜子，看书的是头驴，就不能指望照出个圣徒来。"

第 7 章：一个人，在思考

英语语法和民主精神有什么共同之处

2001 年，大卫·福斯特·华莱士发表了他最为绝妙的文章之一，即他对布赖恩·加纳《现代美式英语用法词典》一书的评论。这篇评论的风格很像《无尽的玩笑》，5 年前，华莱士正是凭借后面这部体量宏大的小说一跃成为同时期最重要作家之一的。华莱士的《权威与美式英语语法》是一篇相当有趣的文章，内容与美式英语几乎没有任何相关之处，甚至可以说是离题万里。文中不只附有脚注，还有脚注的脚注，隐晦地探讨了深刻的道德问题。也就是说，在任何正常人看来，这篇文章都算不上是什么“评论”。但分析这篇文章，对所有想对“思考”本身进行思考的人来说却很有意义，是一次重要的思考练习——尤其是对那些以提升思考能力为最终目标的人来说。[1]

1 该文首次发表于 2001 年 4 月的《哈泼斯杂志》，名为《紧张的情势：民主、英语和用法之战》。不过，杂志的编辑对华莱士的原文做了很多删减。后来，在其著作《龙虾考》中，华莱士放入了完整的原文。本书引用的是后一个版本。

华莱士在文章开头把自己划定为一个“文法迷”（SNOOT）——这是一个缩略语，他家里将迷恋语法和句法的书呆子称为文法迷。（SNOOT是个缩写，但每个字母具体代表什么家人却众说纷纭，这种争论本身好像也已经成了家庭玩笑中必不可少的一个元素。）这意味着《现代美式英语用法词典》这本书之于华莱士，就像是猫薄荷之于猫一样，他为之着迷不已，洋洋洒洒地发表了一大篇评论。只是想想华莱士滔滔不绝的样子，我就忍俊不禁。

不过我们要注意，华莱士的这篇评论，可不仅仅是一篇传统意义上的评论，其探讨的内容远远超出了他所说的“用法之战”。为了更好地理解这一点，我们可以看看华莱士对文法迷所做的一些描述：

> 文法迷对当代美式英语用法所持有的态度，类似于宗教或政治保守派对当代文化所持有的态度，而这种态度对我们当中的一些人来说，是有些难以接受或理解的。我们这些文法迷，对自己的文法信仰有着传教士般的热情和近乎神经质的忠诚，所以才会对那些“识字”的成年人乱用语法忍无可忍，感

> 到地狱般的绝望……我们是少数派，骄傲的少数派，经常会或多或少地对其他人的表现感到震惊。

简而言之，语法之战是文化战争的一种缩影，是各种文化战争的缩影。因此，它是对我们如何处理分歧的一种考验，尤其是当这些分歧涉及我们非常关心的问题时。加纳编纂的词典于 1998 年出版，而华莱士的评论文章则直到 2001 年才发表，足以显示他对那些纠缠不清的文化和道德问题有多么纠结，经过了怎样漫长深入的思考和准备。好几家有名的杂志都曾想发表这篇评论，却因为初稿的长度而犹豫不决。在苦思冥想写作这篇评论的过程中，华莱士给唐·德里罗写过一封信："只要认真仔细地审视语法问题，就算时间不长，你也会发现，它几乎涵盖了世上的一切问题。"包括最神秘的哲学问题，还有最普通的日常琐事。

但对华莱士来说，事情的关键、语法之战最重要的意义，以及布赖恩·加纳参与这场文化战争的方式，是兼具政治性和修辞性的。"这本词典将严谨和谦逊结合得如此完美，这让加纳在没有显露出一丝说教的欲望，或高高在上的精英姿态的情况下，将立场灌输给了每个人。这是一项非凡的成就。"

华莱士进一步指出："这基本可以被称为修辞史上的巨大成就了，而且……这既具有划时代的历史意义，也具有政治上的救赎意义（在笔者看来）。"

"政治上的救赎意义"听起来是个很重的词，不过华莱士觉得自己并没有夸大。华莱士认为加纳是一个"天才"，因为他找到了一种方式告诉人们，大多数人都漠不关心的一些事，其实是非常重要的，而加纳对这些事的理解，是正确无误、恰如其分的，因此我们都应该听从他的建议。加纳做到了这一切，却没有让自己看上去像是个傲慢的浑蛋。也就是说，他表现得不像个文法迷。对华莱士来说，这让加纳的词典十分实用，而它更标志着一次"民主精神"的胜利。

语法警察与民主精神

华莱士在文中提到"文法迷"一词，更像是一种典型的自我讽刺，一个吸引读者注意力的小策略，这样他就不必为自己的一本正经而道歉。他对民主精神的信念是毋庸置疑的，对他来说，对这种精神最好的诠释，就是温柔劝服（而非强制执行）的能力。华莱士最终把这篇文章命名为《权威与美式英语语法》，因为对任何民主的命令而言，从根本上难以解决的问题，恰恰就是它的权威性。当荷马·辛普森[1]接到上帝的命令时，他喊道："你不是我的老板！"他呼吁民主精神的方式或许并不那么高明，但这种简单直接的蔑视确实有助于直截了当地说明问题。

像所有的文法迷一样，布赖恩·加纳对英语语法有着强烈的规则性认识，而在华莱士看来，加纳这本词典的重大意义在于，它展现了一种无须借助权威就可以制造规范的能力。华莱士认为，加纳能有此成就，主要是因为他"重新演绎了（也正在演绎着）规范者的角色。他没有把自己当作一名警察或法官，而是更像是一个医生或律师"——他具备相当的专业知识，而你可以选择是倾听还是忽视（虽然如果你真的选择了后者，事情也就到此为止了）。如果在这一通解释之后，你还是不清楚这一切与民主精神有什么关系，也许华莱士对民主精神的定义能够帮到你：

民主精神融合了严格与包容，既包含充满激情的信念，也强调了对他人信念一如既

1　荷马·辛普森：美国动画片《辛普森一家》中的人物。——译者注

> 往的尊重。正如每一个美国人都了解的那样，这种精神很难培养和保持，尤其是涉及那些与你息息相关的事物时。民主精神要求个体保持百分之百的理智和诚实，这同样很难做到——你必须愿意诚实地看待自己，以及你忠诚于这份信念的动机，并始终如一地保持这种态度。

这也几乎是本书的精华所在了，我甚至可以把这几句话当作我的座右铭。了解了民主精神的内涵，我们的讨论就能够更进一步，从另一个视角看待问题了。但同时我们还要关注华莱士的故事中一直未被我提及的一点：身为文法迷，长大成人是一种怎样的感受?

加纳说："我早在 15 岁时就已意识到，我在学习上的主要兴趣是英语语法。华莱士在引用这句话时评论说："很可惜，这幅童年素描没有提到身为痴迷文法的青少年，成长过程中要付出多大的代价。"作为文法迷，华莱士自身的成长经历痛苦不堪，而这种痛苦牵涉到了他的文章想要讨论的民主环境。"当同龄人排挤、践踏、推倒小文法迷，甚至轮流向他吐口水时，"华莱士写道，"他们其实是在进行一种学习。""事实上，文法迷被排挤，也正是因为他没有学会这一点。”

他没能学会的东西是什么呢？其实就是生存在社会，尤其是在民主社会中，必须要具备的审时度势的能力。

成绩优异的文法迷在学习俚语时与班里那些满口“ain’t”或“bringed”[1]的“差生”无异。他们在学校的处境完全相同。差生在课堂上受到惩罚，书呆子在操场上备受排挤，两者都欠缺同样的语言技能，即在不同情景之间自如切换正式用语与俚语的能力。与同伴嬉闹，与老师对话，与家人交谈，与球队教练互动，等等，都需要采用不同的语言交流体系。

而且，虽然华莱士从未明确地表达过这种看法，却将之隐含在整篇文章中（这将他从单纯地评论图书拉入未知领域）：这种“切换的失败”本质上是一种道德上的失败。你

1 “ain’t”和“bringed”是两个有语法或拼写错误的词汇，正确的写法应是“are not”和“brought”。——编者注

不认可其他用语、其他情境和其他人有基本的价值，认为无须尊重这一切，却想让别人尊重你的用语、语境、朋友和家庭成员。但最为关键的还是这种失败对社会关系网带来的影响，它是破坏性的。

忍让

在华莱士评论中所有的“题外话”里，最引人注目的莫过于对“堕胎”的讨论。为什么呢？因为在美国人看来，争论堕胎是否道德时，人们必然很难始终如一地践行民主精神。华莱士说，人们对他说的一些事，已经触及了他“忍让”的底线：“那一刻标志着我个人的民主精神濒临崩溃的边缘，咬紧牙关都难以承受。”每个人都会遭遇这样的至暗时刻，有些东西已经触及了忍让的“真正底线和崩溃的边缘”。不幸的是，现在似乎有越来越多的人，越来越频繁地在越来越广泛的问题上面临着这种境遇。了解这一点很重要，因为当我们无法忍让时，社会结构就会坍塌。

华莱士认为，增强必要忍让能力的关键，就是你必须主动在不同情景之间进行适时转换。华莱士强调，这一点是他作为文法迷在成长过程中吸取的惨痛教训。你必须主动去了解别人所使用的方言，甚至是别人所认可的“道德方言”。

你不得不做出这种妥协。华莱士提到的“忍让”，其实就是当你与文化对立者亲密接触时，必须控制自己作呕冲动的行为。

但是你可能会问，我为什么要这样做呢？简单来说，因为它对你有好处，对社会也有好处。它可以使你成为一个更强大更美好的人，它有助于修补这个千疮百孔、支离破碎的社会。

可你为什么不愿这么做呢？要回答这个问题，只需回顾我在本书开篇所讲的故事，也就是梅甘·菲尔普斯－罗珀的故事。要了解对手的“道德方言”，其潜在成本非常高。首先，你需要将对手人性化：他们不再是文化对立者，而只是……人。要记住“人所具有的我都具有”，只是因为环境或性情的不同，他们得出了与你不同的看法和结论。这并不意味着他们的观点是正确的，甚至具备了正确的可能性，你无须认可他们的观点；但如果他们的看法是错误的，你也难免会遇到同样的情况，犯下同样的错误（事实的确如此）。

一旦你的文化对立者显得不是那么“异化”，并因此也不是那么“对立”了，你可能会意识到，命运的车轮有很多偶然，机缘使然，你也可能会陷入他们的境地。你突然开始想象——虽然最初可能有些模糊不清——自己成了另外一个人，一个有着另一套“理性结构”的人；而一旦在想象中将自己置身于另一种思维框架，与对方换位思考，你就会觉得，你对自己原本的观点好像……也不是那么笃信了。

这是彻底的颠覆，这也是为什么菲尔普斯－罗珀开始远离那些不能再让她坚定信仰的人。你开始怀疑，你所在的圈子到底是有助于你接近事实的真相，还是蒙蔽了你探索真相的双眼。这种信念的动摇让人太过痛苦，根本无法自持。当你日日充满疑惑，认为与自己交往的人可能满嘴都是谎言时，你是不可能快乐地生活的，就像你每天早晨都把一株花草的根挖出来，看看长势如何，它又怎么可能枝繁叶茂呢？[1]所以我说，当华莱士说“你必须愿意诚实地看待自己，以及你忠诚于这份信念的动机，并始终如一地保持这种态度”时，他的观点是错误的。你真的很难做到。而且我相信，华莱士自己也发现了这一点：正是他没完没了的自我反省让他总是痛苦不堪，这种备受折磨的状态在很大程度上成为他英年早逝的罪魁祸首。我们最好还是听从 W. H. 奥登的劝诫吧：“向神父忏悔的规则同样适用于自我反省：言简意赅，直抒胸臆，及时放下。”[2]

1　我借用了弗朗西斯·斯巴福德在《毫无歉意：为什么基督教文化无论怎样都仍然可以让人情感激荡》一书中使用的隐喻，以说明有些人不断评估自己的精神状态，其实是一种不智的行为。

1　Auden, *The Dyer's Hand* (Random House, 1962), p. 99.

我们不应该期望自己在道德上发扬英雄主义。这种期望毫无价值，而且从长远来看，对人的破坏力极强。不过我们可以试着在总体上对自己的动机更为警醒，对他人的动机更为宽容。如果我还是没有把这一点讲清楚的话，你只需明白，这种心态和品质才是你最终能够学会思考的重要保证。

结论：思考的欢愉和险境

我解释一下——不对，解释可能太复杂了；我只是小结一下

首先，是思考的危险：我不敢保证，如果你转变了观点，会不会失去朋友。对这一点提出严正声明很重要，因为如果你学会了思考，学会了真正的思考，有时就会改变自己原来的想法。"好吧，如果因为这个，有些朋友就离开了你，那么他们从一开始就不能算是你真正的朋友。"我可以轻轻松松地说出这番话，但这种言论太过浅显且不负责任。如果你突然发现自己完全脱离了整个社交圈子，因为你不再相信所有人都相信的东西，你可以悄悄告诉自己，他们根本不是你真正的朋友，但这种做法并不会让你的孤独感消解。你甚至可能会想，没有真正的朋友，也比根本没有朋友要好啊。

但你的运气可能不会那么糟糕，你甚至可能根本不需要借助误导性的沉默或彻头彻尾的谎言来维护自己社交网络的正常运行。关键是不要像很多人那样，在转变自己的想法时，

表现得过于狂热。

如果你表达自己在一个问题或一系列问题上的不同看法时，表现出了一种不得以而非欣喜若狂的态度，并再三强调你和朋友们仍然持有许多共同的信念和观点（其实会有很多），那么他们就应该能够继续认可你的善意。

至少，请不要把老朋友看作愚蠢的失败者。（要记住，不久之前你还跟他们持有同样的信念。）然而，即使你善良宽容地对待他们，他们也有可能以怨报德。我必须据实相告，承认这一点，不过既然我已经用了这么多篇幅来研究那些抑制思想和激发情感的力量，对这一点我就不再赘述了。我想强调的是，如果你只把此书当作一本工具书，你就不会从中获益。你必须成为这样一种人，一种偶尔会更关心寻求真理而非执着于维护当前社会地位的人，你才可能真正拥有这本书。

而且我敢说，追求真理才是人生的伟大历险之一。维多利亚时期的圣人对这件事的看法是："一个人应该寻求自我突破，否则进入天堂又有什么意义？""去奋斗，去追寻，去发现，而且永不放弃。"[1] 圣人自有成为圣人的道理，至少在这种论调上。如果你不认同这些，那么多说无益。那个时代，和我们如今的时代一样，人们对旧有的传统信念会不可避免

1 第一句话引自罗伯特·勃朗宁 1855 年的诗歌《安德里亚·德尔·萨托》。第二句话则引自丁尼生 1842 年的诗歌《尤利西斯》。

地产生怀疑，虽然他们那个年代的信念与我们当下的信念完全不同。探险之所以令人兴奋，正是因为我们可能会遇到刺激,获得满足感。“旅行的意义在于旅程本身,而不是目的地。”这句话虽然是真理，却不足以表达全部。

不,我们不应该完全生活在“旅程－目的地”的隐喻中。思考没有目的地，思考没有终点，思考永无止境，不能随便说上一句,“好了,我们终于可以不再想它了”。正如托马斯·阿奎纳所说，停止思考，要么是出于绝望——“我无法再继续了”，要么是出于臆测——“我应该不需要再继续了”。[1]思考的人生来自希望：希望知道更多，希望了解更多，希望我们有更大的进步。我想在这本书中，我们已经看到了那些有勇气和决心去努力思考的人得到的好处。我们有充分的理由去期待这一切。

1 详见约瑟夫·皮珀在其优美的著作《论希望》中对托马斯言论所做的评述。

后记：思考者清单

在大师级的电视剧《绝命毒师》第一季中，我们的主人公沃尔特·怀特，发现自己的处境非同寻常：一位叫作“疯8”（单凭这名字，你就知道他有多疯狂）的暴力犯罪分子，被捆在了怀特家地下室里的柱子上。这让怀特左右为难：是杀还是放？怀特苦苦思索，最后抓起一张信纸，列了一份两栏清单。在“释放”一栏里，怀特写了好几条理由：谋杀是错误的，等等等等。但在“杀掉”一栏里，他只列了一条：“如果你放他走，他会杀了你全家。”

对怀特来说，列份清单实属明智之举，我们都应该向他学习——嗯，至少在这件事上。阿图·葛文德在他精彩的著作《清单革命》中，阐述了对于思虑过重之人，包括飞行员、大额投资者、外科医生，列清单在减轻他们的认知负荷上具有强大效力。[1]所有这些人，如果他们想始终做出正确的决定，

1 Atul Gawande, *The Checklist Manifesto* (Picador, 2011).

就必须把那些无暇顾虑的事情列举出来，进行全盘比较。因此，请学会列清单，你会事先知道自己需要做什么，不用试图记住所有的事情，只要列在清单上就好，这样你就可以把注意力转移到其他需要关注的事情上了。

葛文德是一名外科医生，虽然他强烈提倡人们列清单，却并不认为自己真的需要靠清单过活。不过，在他开始列清单的第一周，他和他的团队有三次忘记了手术的重要步骤，全靠清单才没有酿成大错。只有在经历了因为过于相信自己的智商而导致的惨痛教训后，人们才会痛定思痛，成为清单的拥簇者。骄傲的人不想列清单，不过，一旦他们不得不向清单低头，就会渐渐变得谦逊起来，因为他们只能承认自己忘记了需要记住的东西。

因此，我接下来要做的，就是提供一份超赞的思考者清单。不过这么做并不意味着我在打自己的脸——在之前某章的结尾，我说思考的提升与工具无关，你首先要成为善于思考的人。事实上，主动制订和使用这种清单，正是善于思考之人的标志之一。这并非一个万无一失的方法，因为即使你在使用清单，你可能也用得漫不经心。但是，如果你根据自己的实际情况来使用下面这份清单，删去对你毫无用处的部分，再加上自己需要特别注意的事情，我相信它会对你有所帮助。

思考者清单

1. 当你想要以挑衅的方式回应别人时，请暂停 5 分钟，去散散步，或者给花园除除草，摘些蔬菜，让身体动起来。你的身体知道什么样的节奏更美好。感同身受，你才能更好地思考。

2. 学习比辩论更重要。不要只是逞“口舌之快”。

3. 无论在网络上还是现实生活中，尽可能不要和那些喜欢煽风点火的人打交道。

4. 记住，你不必对所有其他人讨论的事情做出回应，如果这么做只是为了彰显你的道德与正义感的话。

5. 如果你确实需要对其他人讨论的事情做出回应，以彰显你的道德与正义感，否则就无法保住自己在群体中的地位，那么请你记住，这表明它并非是一个健康的社群，而是一个“内环”。

6. 请尽你所能，以各种可能的方式，多与那些看起来崇尚真正健康的群体，并能够平静处理分歧的人交往。

7. 在与你持不同观点的人中，找出那些最优秀、最公正的。认真倾听他们说话，不予评判。无论他们说了什么，都请仔细想一想。

8. 请尽可能耐心而诚实地评估你对某一人的反感。

9. 憎恶的力量很强大，有时它会让你分心，忘记真正重要的事。

10. 要当心隐喻和神话的作用，它们可能会使你的认知产生严重偏移；留心操控你注意力的“辞屏”，注意它们将你引向了哪里，又让你忽略了什么。

11. 试着以别人的表达方式描述他们的立场，避免曲解他人（“换句话说”）。

12. 请勇敢。